高等职业院校"十二五"规划教材

HTML5+CSS3 网页设计案例教程

原建伟　编著

U0315541

清华大学出版社

北　京

内 容 简 介

本书主要讲解使用 HTML5、CSS3 和 JavaScript 语言设计和制作网页的技术及方法。全书共分 7 章，由浅入深地介绍 HTML5 和 CSS3 规范及技术的使用方法，在讲述 HTML5 技术时，在 HTML 基础规范的基础上，循序渐进地引入 HTML5 的新规范和新技术，重点放在网页设计和制作过程中最常用的部分；对 CSS3 的讲解则重点放在设计和制作网页过程中提供的新规范，并通过示例引入当前网页设计领域中流行的设计风格。在介绍 JavaScript 的基础上，结合 HTML5 提供的一些新功能，实现更广泛的交互应用和特效。最后还引入了当前使用非常广泛的基于 HTML5、CSS3 和 JavaScript 的应用框架 Bootstrap，为学习者进一步接触当下流行的网页设计和布局奠定良好的基础。

本书内容丰富，知识由浅入深，涉及面宽，颗粒化示例便于知识和技能的组织，主要面向网页设计初学者，讲述的是前端开发的先导课程。本书适合作为大专院校网页设计相关课程的教材，也可作为网页设计培训教材使用。

本书的电子课件、实例源文件和示例视频可以到 http://www.tupwk.com.cn/downpage 网站下载。

图书在版编目(CIP)数据

HTML5+CSS3 网页设计案例教程/原建伟 编著. —北京：清华大学出版社，2018（2022.1 重印）
(高等职业院校"十二五"规划教材)
ISBN 978-7-302-50275-3

Ⅰ. ①H… Ⅱ. ①原… Ⅲ. ①超文本标记语言—程序设计—高等职业教育—教材 ②网页制作工具—高等职业教育—教材 Ⅳ. ①TP312.8②TP393.092.2

中国版本图书馆 CIP 数据核字(2018)第 103216 号

责任编辑：胡辰浩　李维杰
封面设计：孔祥峰
版式设计：妙思品位
责任校对：牛艳敏
责任印制：杨　艳

出版发行：清华大学出版社
　　　　　网　　　址：http://www.tup.com.cn，http://www.wqbook.com
　　　　　地　　　址：北京清华大学学研大厦 A 座　　　　邮　　编：100084
　　　　　社 总 机：010-62770175　　　　　　　　　　邮　　购：010-62786544
　　　　　投稿与读者服务：010-62776969，c-service@tup.tsinghua.edu.cn
　　　　　质 量 反 馈：010-62772015，zhiliang@tup.tsinghua.edu.cn
印 装 者：北京嘉实印刷有限公司
经　　销：全国新华书店
开　　本：185mm×260mm　　　　　印　　张：15　　　字　　数：365 千字
版　　次：2018 年 7 月第 1 版　　　　印　　次：2022 年 1 月第 3 次印刷
定　　价：68.00 元

产品编号：079318-02

前　言

随着 HTML5 和 CSS3 规范的不断发展和成熟，采用 HTML5 和 CSS3 设计和开发的网站越来越多，无疑该规范将会成为未来网站、网页设计的必然准则。这两项技术标准决定着未来 Web 开发，尤其是 Web 前端开发的发展方向。其为 Web 开发领域带来的重大改变已经在互联网上逐步展开，尤其随着大量移动互联设备的应用，各大浏览器厂商针对新规范的主动更新，新的技术规范也将在更大领域内起到重要的作用。

本书主要讲解使用 HTML5、CSS3 和 JavaScript 语言设计和制作网页的技术及方法。全书共分 7 章，由浅入深地介绍 HTML5 和 CSS3 规范及技术的使用方法，讲述 HTML5 技术时，在 HTML 基础规范的基础上，循序渐进地引入 HTML5 的新规范和新技术，重点放在网页设计和制作过程中最常用的部分；对 CSS3 的讲解则重点放在设计和制作网页过程中提供的新规范，并通过示例引入当前网页设计领域中流行的设计风格。在介绍 JavaScript 的基础上，结合 HTML5 提供的一些新功能，实现更为广泛的交互应用和特效。最后还引入了当前使用非常广泛的基于 HTML5、CSS3 和 JavaScript 的应用框架 Bootstrap，为学习者进一步接触当下流行的网页设计和布局奠定良好的基础。

在注重技术讲解和示范的同时，本书也在很多地方将网页设计、Web 应用开发的相关思想渗透其中，更加注重学生在学习网页设计相关技术的同时对设计思想的培养。第 1 章通过一个示例讲述网站开发的流程与网站设计规划、规范，并在第 2 章和第 3 章中以该例中的网站设计规划为蓝本，实现网站首页的设计与制作。第 4 章与第 7 章的综合案例均采用目前主流网站的设计风格进行设计与制作，能够正确引导学生的设计思想。

采用知识点分解示例、综合案例强化应用技能的模式组织全书内容。全书示例分为两类：一类是数量较多的颗粒化示例，此类示例针对一个或少数几个知识点进行讲解，便于教师根据自己课程的实际需要进行组合教学，也便于学习者在学习过程中有选择地进行自学；另一类是综合应用示例，此类示例通过实际应用案例将相应章节的知识点融入案例当中，既能重复加强相应知识和技能的训练效果，也能使学习者获得综合应用的能力。

本书内容丰富，知识由浅入深，涉及面宽，颗粒化示例便于知识和技能的组织。主要面向网页设计初学者，是前端开发的先导课程，适合作为大专院校网页设计相关课程的教材，也可作为网页设计培训教材使用。

本书由原建伟老师编著，在编写过程中得到了陕西工业职业技术学院王坤教授给予的大力支持和帮助，还得到了陕西工业职业技术学院丁洁老师、姜庆伟老师，以及陕西科技大学李韶杰老师的帮助。编写过程中参阅了相关教材、专业书籍以及相关网站，在此一并向各位老师和专家及参考书籍的编者表示感谢！

由于受时间、资料、编者水平及其他条件限制，书中难免存在一些不足之处，恳请同行专家及读者指正。我们的邮箱是 huchenhao@263.net，电话是 010-62796045。

本书的电子课件、实例源文件和示例视频可以到 http://www.tupwk.com.cn/downpage 网站下载。

作者

2018 年 3 月

目　　录

第1章　Web开发概述

1.1　Web 的基本概念

1.1.1　Web 的历史

自从 1989 年 CERN(European Organization for Nuclear Research,欧洲粒子物理研究所,通常简称 CERN)发明了 Word Wide Web(万维网)后,尽管最初他们的目的是用于全球科学家们交流工作文档,但万维网还是以飞快的速度在全世界流行开来。随着万维网的不断发展,超文本、富文本、超媒体等一系列新概念涌入人们的视野。超文本是一种用户接口方式,用以显示文本以及与文本相关的内容。超文本普遍以电子文档的方式存在,其中的文字包含可以链接到其他字段或文档的超文本链接,允许从当前阅读位置直接切换到超文本链接所指向的文字。

基于 Web 的各种应用也越来越多,在诸多的 Web 应用中都离不开一种新的语言,即 HTML(Hyper Text Markup Language,超文本标记语言)。我们日常浏览的网页上的链接都属于超文本。超文本链接是一种全局性的信息结构,它将文档中的不同部分通过关键字建立起链接,使信息得以用交互方式搜索到。

1. Web 应用的特点

(1) Web 应用具有易用性

Web 应用提供图形化的用户操作页面和易于使用的导航功能,提高了用户的使用体验。用户只需要从一个链接跳到另一个链接,就可以在各个页面或各站点之间进行浏览了。这是 Web 应用被用户认可的一个重要原因。

(2) Web 应用具有内容丰富性

Web 应用在 HTML 和 CSS 的支持下能够将多种表达元素(文本、图形甚至音频和视频)组合在页面上,与这之前的 Internet 以文本信息为主的应用比较而言,内容丰富多彩,更加受到用户的青睐。

(3) Web 应用具有良好的交互性与动态性

由于超链接的出现,提高了 Web 应用的交互性,用户的浏览顺序和所到站点完全由自己决定。用户通过表单(Form)的形式可以从服务器获得动态的信息,同样用户也可以通过填写表单向服务器提交请求,服务器可以根据用户的请求返回相应信息。通过这种交互方式也使得 Web 应用具有动态的特点。信息的提供者可以经常对网站上的信息进行更新。

(4) Web 应用与平台无关

Web 应用的产生降低了应用对系统平台的依赖性，尤其在用户端，无论从 Windows 平台、Unix 平台、Macintosh 还是别的什么平台，用户都可以访问 WWW 上的各种应用。用户只需要使用浏览器就能使用各种应用，也不用关心应用到底运行在怎样的平台下。

(5) Web 应用的分布性

Internet 的分布性质决定了 Web 应用具有的分布特点。对于 Web 应用来说，应用所使用的数据资源、多媒体资源很有可能分布在整个互联网的不同地方。因此，对于 Web 应用来说没必要把所有信息都放在一起，信息可以放在不同的站点上，只需要在浏览器中指明这个站点就可以了。通过让物理上未必在一个站点的信息在逻辑上一体化，使得在用户看来这些信息是一体的。

2. Web 应用的发展

Web 应用的发展经过几个阶段，Web 1.0 时代开始于 1994 年，通过浏览器用户可以浏览各种网站，这些网站基本采用静态的 HTML 网页组成，基本上没有什么交互功能，信息的传递为单向模式，但是超链接的存在已经开始改变人们获得信息的模式。在这个阶段，人们对信息的获取以聚合、联合、搜索为主。

Web 2.0 的概念首先出现在 2004 年，在这个概念中，软件被当成一种服务，Internet 从一系列网站演化成一个成熟的、为最终用户提供网络应用的服务平台，强调用户的参与、在线的网络协作、数据存储的网络化、社会关系网络、RSS 应用以及文件的共享等成为 Web 2.0 发展的主要支撑和表现。Web 2.0 的核心不是技术，而在于指导思想。Web 2.0 更加注重交互性，这种交互不仅仅是用户与应用之间的交互，也包括网站之间、应用之间的交互。在 Web 2.0 时代，网站设计出现了标准化的概念。Web 标准中典型的应用模式是"CSS+XHTML"，摒弃了 HTML 4.0 中的表格定位方式，其优点是网站设计代码不仅规范，而且减少了大量代码，避免了网络带宽资源的浪费，加快了网站的访问速度。更重要的一点是，符合 Web 标准的网站对于用户和搜索引擎更加友好。

Web 3.0 是 Web 2.0 的进一步发展和延伸。Web 3.0 在 Web 2.0 的基础上，对杂乱的微内容进行最小单位的继续拆分，同时进行词义标准化、结构化，实现了微信息之间的互动和微内容之间基于语义的链接。Web 3.0 能够进一步深度挖掘信息并使其直接从底层数据库进行互通，并把散布在 Internet 上的各种信息点以及用户的需求点聚合和对接起来，通过在网页上添加元数据，使机器能够理解网页内容，从而提供基于语义的检索与匹配，使用户的检索更加个性化、精准化和智能化。Web 3.0 的定义是：网站内的信息可以直接和其他网站上的相关信息进行交互，能通过第三方信息平台同时对多家网站的信息进行整合使用；用户在 Internet 上拥有直接的数据，并且能在不同网站上使用；完全基于 Web，用浏览器就可以实现复杂的系统程序才具有的功能。Web 3.0 浏览器会把网络当成可以满足任何查询需求的大型信息库。

1.1.2　Web 前端与后台的关系

自从 Web 应用大量存在之后，通过浏览器页面实现对信息的查询与检索便成为 Internet 的主流应用，在很长一段时间里，基于 B/S 模式的 Web 应用几乎成为软件开发的主流。在这种模式下，几乎全部的业务功能都要依靠服务器端的应用程序来实现，因此也被称为后台开发，目前主流的后台开发平台有 J2EE、ASP.NET、PHP 以及 Python 等。在这种模式下，开发人员关注在服务器端如何实现各种业务功能，设计人员则主要通过页面设计对用户使用的界面进行各种优化。

随着人们对 Web 应用要求的不断提高，尤其是用户交互的方便性，以及更多的用户使用移动终端设备(各类平板电脑或智能手机)访问网站，人们对客户端界面的用户体验提出了更多的要求，在富客户端技术不断发展与提高的同时，催生了 Web 前端应用。

Web 前端应用的特点：

(1) 功能转移

Web 前端开发的一项重要作用是将 Web 服务器端的一部分功能转移到浏览器端进行，从而减少应用对服务器的压力，这部分功能主要是在浏览器端进行各种验证操作，对数据信息的格式化显示以及与服务器端进行异步通信实现更好的交互体验。

(2) 对浏览器产生依赖

由于 Web 前端应用运行在浏览器端，因此对浏览器具有一定的依赖性，在 HTML5、CSS3 以及 JavaScript 发展的过程中，不同的浏览器对其支持存在差别，这给开发人员带来了一定的麻烦。随着相关技术的不断成熟，以及市场的洗礼，相信在未来这些问题将不会是主要矛盾。对浏览器依赖的另一个原因是浏览器的安全设置，浏览器对脚本的执行都有安全设置，可以限制脚本程序的执行。因此，如果为浏览器设置了限制执行脚本，Web 前端的很多功能将因此不能执行。

(3) Web 前端框架的发展如火如荼

Web 前端在发展过程中，为了便于用户设计和使用，发展出来越来越多的开发框架。这些框架都在 HTML5、CSS3 和 JavaScript 的基础上设计和开发，部分框架完全基于 JavaScript，这使得开发人员有着越来越多的工具可以选择。

尽管 Web 前端还在发展过程中，但越来越多的应用都开始加入 Web 前端的设计，随着相关技术的不断成熟，Web 前端开发也趋于成熟。另一方面，目前市场对 Web 前端开发的追捧也为就业提供了很大的缺口，说明市场对技术的认可。

1.1.3　移动端应用介绍

随着移动互联网的不断发展,越来越多的人使用移动终端(各类平板电脑或智能手机等设备)访问网站，使用各种应用，原有针对 PC 端的各种网站和应用出现各种"水土不服"的现象。随着人们对移动应用需求的增长，除了各种基于移动操作系统的 App 之外，很多网站都推出了针对移动终端的版本,甚至有些 App 本质上就是一个重新封装的浏览器,通过该浏览器访问相应的网站。

移动应用的特点:

(1) 终端屏幕多样化

由于移动终端设备种类多,导致屏幕大小与分辨率差别非常大,因此要求各种应用与网站能够很好地适应各种不同尺寸与分辨率,原有针对 PC 端的 Web 应用和网站都不能够适应。

(2) 使用习惯、场景与 PC 端存在较大差别

由于 PC 设备与移动设备在操作设备上存在差异,因此导致用户的操作习惯也有所不同,这就影响着用户交互界面的形式。手机端显示区域有限,因此需要在有限的区域内更有效地显示主要功能,手机界面也会更加简洁,每个页面上显示的元素也要更加精准。

使用场景的差异也影响交互界面设计的方式和重点。例如以订餐网站的 Web 端与手机端的定位为例,PC 端的 Web 应用除了具备订餐的主要功能之外,更侧重于用户对餐品的展示与点评,而在手机端,则需要给用户提供找到周围餐馆的更便捷方式。

1.2 网站设计与开发

1.2.1 网站设计与开发的基本流程

自从万维网走入人们的生活后,通过使用浏览器对网站进行访问获取信息成为人们使用互联网的一项主要活动,各种各样的网站也不断涌现,在 20 世纪 90 年代中后期,网站的数量几乎爆发式增长。

1. 什么是网站

网站在本质上是互联网上一组特定信息的组合,这些信息以基于 HTML 的网页的形式表现出来。网站其实也是一种通信工具,用于人们的信息发布和收集。网站是由若干网页按照一定组织形式形成的,因此网页是网站的基本组成元素,用于承载各种网站应用。

2. 网页的构成

网页是用 HTML 编写的文件,通过将文字、图像、多媒体信息甚至程序组合在一起,形成一种富媒休页面。在网页中最主要的元素是文字和图像,目前绝大多数页面中文字和图片占据页面的大部分区域。虽然网页是用 HTML 写成的,一般扩展名为.html,但在服务器端运行的页面也可能包含一些其他语言,用户在浏览器端浏览的时候还是以 HTML 为主。

3. 网页的分类

根据网页构成语言的不同，网页的扩展名可能是.asp、.php、.jsp 等，通常这些网页也被称为动态网页。这些页面含有脚本程序，需要在服务器端运行，只有在运行的时候才能看到页面效果，而完全基于 HTML 的页面则称为静态页面。

4. 网站开发的基本流程

网站开发结合了软件开发与平面设计的一些规范和方法，但又有一些自己的特点。总体来说，可以根据网站的规模和需求按照以下步骤进行：

(1) 需求分析

在进行网站开发之前，需要对网站需求进行相应的分析，目的在于明确用户对网站的功能需求，便于在开发过程中不会偏离用户的要求。

(2) 域名与服务器空间的申请

网站是要在互联网上展示给用户的信息载体，因此需要将其发布在互联网上，这就需要存放网站的服务器以及用于访问网站的地址信息，即域名。服务器空间的大小、服务器类型都需要根据需求分析时在对网站规模分析的基础上确定，对于一些动态类型的网站，服务器空间一定要有足够的余量，这样才能保证在运行一段时间后，避免出现空间不足的情况。可以通过自行购买硬件并搭建相应服务器后连入互联网获得服务器空间，也可以购买服务器提供商提供的不同类型的服务器空间。

域名是网站的另一个重要元素，是在互联网上访问网站的地址信息，互联网上的用户通过域名可以很方便地连接到网站，因此在互联网上运行的网站都有一个方便记忆的域名，例如亚马逊中国的域名(z.cn)就非常简单且便于记忆。域名的申请和购买也有相关的流程，一般可以向域名服务商申请和购买。

(3) 界面设计

网站的设计既不同于单纯的软件开发，也不同于单纯的平面设计，这是由网站的组成形式决定的。网站一般由首页和其他不同分类的几组页面组成。所有页面在设计风格上一般统一设定，首页与其他页面之间也存在一些差异，这样才能保证网站设计风格的统一与协调。

在网站设计过程中，借鉴平面设计的方法，网站整体需要有一个设计规范，这个规范包含页面布局规范、字体使用规范、颜色使用规范、按钮和链接使用规范等。在设计页面的过程中按照这些规范设计每一个页面，以达到网站风格整体划一的效果。

(4) 数据库设计与后台设计和开发

目前的网站基本没有纯静态的网站，往往都需要后台的支持，通过后台组织和发布信息，因此后台的设计与开发是必不可少的环节。虽然本书的重点不在此环节，但对于一个完整的网站，学习者必须了解全部环节。

后台设计与开发主要包含两部分：数据库设计和后台程序设计。数据库用于存储发布的信息。后台程序的主要功能用于对数据库操作，按照网站对信息的组织形式进行读取、写入或修改等操作。

(5) 网站测试与上传

在网站开发完毕后，需要进行测试以保证在将来的实际生产环境下能够正常和稳定运行。测试分为两个阶段，首先需要在本地进行测试，这些测试包括各种功能测试、安全测试等。在本地测试完毕后，将网站上传到服务器，进行进一步的压力测试、安全测试等。

(6) 网站维护

上传完的网站在交付用户使用后，进入维护期。在维护过程中不断发现和纠正程序中存在的各种 bug 以及功能升级等。

5. 网站设计案例

以下通过班级网站的设计介绍网站设计过程中的主要步骤以及所涉及的内容，班级网站的首页完成后的效果如图 1.1 所示，新闻页面完成后的效果如图 1.2 所示。

图 1.1　班级网站首页

图 1.2　新闻页面

设计和实现按照以下几步进行：

1) 需求分析

在设计和制作网站之前，要对用户的需求进行深入分析，了解用户的意图，并将用户对网站的要求形成标准的文字表述，便于设计人员明确设计目标，准确进行网站的设计。以下是针对班级网站进行的需求分析：

(1) 目的

需求分析的目的是确定"网络 17 之家"班级网站的主要实现功能、栏目设计以及设计要求，为做好下一步的工作提供指导。

(2) 任务概述

网站定位：宣传类网站

网站目标受众：学生

(3) 网站期望达到的设计目标

通过班级网站展示学校风景、班级文化，加强同学们之间的交流与对班级的荣誉感。

(4) 网站整体设计风格

考虑网站的定位、主要受众群体和设计目标，网站采用的设计风格是：简洁大方，活泼阳光。

（5）配色方案

以蓝色为主色，以白色为辅助色，字体采用宋体。

（6）功能需求

● 主导航栏目划分

● 校园新闻　　学校简介 | 班级新闻 | 通知通告 | 校园文化 | 法规校纪

● 校园风光　　标志建筑 | 师生剪影 | 实训环境

● 班级相册　　教室采风 | 寝室剪影 | 班级活动

● 个性展示　　个人风采 | 文学天地

● 留言　　　　互动平台 | 心灵有约

● 用户登录　　管理登录 | 学生登录

● 后台管理功能划分

此方案能够为用户提供浏览班级网站的各种信息与资讯，用户在登录到门户网站的同时，即可实现信息的发布、维护。

用户登录：包括用户注册、身份验证、个人信息维护

信息发布/管理：添加、删除和更改信息；管理员登录

（7）首页内容和设计需求

主导航(和副导航)栏目在网站首页上有所体现，在首页上主要显示主导航。

对性能的一般性规定：采用 HTML5+CSS+div 布局，符合 Web 2.0 标准，保证网站的整体浏览速度。

（8）技术要求

运行环境

● 客户端：CPU Intel 3.0 以上，内存 512MB 以上

● 服务器：CPU Intel 酷睿 i7 以上，内存 4GB 以上，硬盘 500GB 以上

● 操作系统：Windows 7

● 浏览器类型：IE 9.0 以上

● 关系数据库：MySQL 5

● 开发平台：Photoshop、Flash、Dreamweaver

● 使用技术：PHP

（9）其他需求

安全：系统应严格按照用户不同身份和权限划分；控制系统各项功能的使用者、身份和数据的访问权限；有效防止非法用户的入侵，确保系统的安全保密性。

2）网站设计规范

（1）Logo 使用规范

网络17之家

字体：方正姚体

大小：24 点

颜色：深蓝为#31285a，红色为#ff0303

(2) 导航样式

字体：微软雅黑，大小为 16px，颜色为#FFF

导航区域：长为 768px，高 35px，背景色为#93A8FF

(3) 文字

中文：宋体(默认)、微软雅黑(标题)

英文：Arial、Helvetica、sans-serif

标题：微软雅黑、18 磅、加粗、字体颜色为#666

访赴台湾科技大学进修章超同学

正文字体：宋体 14 磅、20 磅行距、首行缩进两个字符、字体颜色为#000

　　每一次辗转回眸的瞬间，总有那么一些平凡的人努力着，当机会垂青时，他们才能一飞冲天。大家说，信息工程学院网络1701班的章超就是这样的人。2016年9月，作为我院第一期台湾科技大学进修项目入选者之一的章超，启程赴台北开始了台湾科技大学的进修。他们也光荣地获得了学院颁发的3000元奖学金。

　　在送行会上，章超感谢学院的培养，更感谢母校为他们搭建的深造学习平台，并表示他们一定珍惜学习机会，尽快适应当地的生活和学习环境，克服困难、努力学习，早日完成学业，为母校争光。

(4) 颜色配色系统

页面要有主色调，页面的颜色尽量控制在四种以内，不要过于杂乱；在设计前要充分和编辑、产品等需求方沟通关于页面的色彩需求，提出专业建议；整个网站以蓝色作为主色调，标准色值如下：

#000066

#93A8FF

FF0303

1.2.2　网站设计与开发的主要技术

网站设计与开发准确来说应该分为两个部分，即网站的前端设计与后台开发。两部分采用不同的技术，但两者之间不是简单的分离，而是按照 Web 开发的标准进行一定程度的耦合，实现同步开发。

1. Web 前端设计与开发技术

目前 Web 前端的设计与开发主要采用基于 HTML5、CSS3 和 JavaScript 的体系，在这个体系下，发展出很多不同的应用方向。

基于 HTML5 和 CSS3 的体系产生与发展，完全是由市场发展的需求决定的。在这种体系产生之前，Web 前端的富客户端技术以 Adobe 的 Flash 为主，微软也有自己的技术产品 Silverlight。Flash 采用插件技术为浏览器端的交互式应用提供了一种全新的应用，结合其在动画技术上的应用，Flash 技术几乎占领一个时代的 Web 前端应用，以至于微软也开发了自己的 Silverlight 技术。但 Flash 臃肿的插件机制和安全隐患，以及 Silverlight 极低的市场占有率，都迫使市场逐渐放弃这些技术。

随着 HTML5 和 CSS3 的不断成熟，以及 JavaScript 脚本语言的不断标准化，越来越多的应用转向此平台。在 Adobe 宣布放弃对 Flash 的继续支持后，HTML5、CSS3 和 JavaScript 体系几乎是目前仅可以选择的平台。

2. Web 服务器端开发技术

Web 服务器端开发技术种类较多，根据应用层面的不同按照以下内容介绍：

(1) 数据库技术

目前在服务器端常用的数据库有 MySQL(或 Maria DB，它是 MySQL 源代码的一个分支)、SQL Server、SQLite、Oracle、MongoDB 等。

(2) 开发语言

在后台的开发过程中，开发语言是实现各种功能的核心，目前常用的后台开发语言有 Java Web 平台、PHP、Python、ASP.NET、Ruby 以及 Node.js 等。

(3) Web 服务器

Web 服务器是指网站服务器，一般运行在 Internet 上，用于放置网站文件，向浏览器等 Web 客户端提供文档，提供给用户进行浏览。目前在 Internet 上主流的 Web 服务器有 Apache、Nginx、IIS、Tomcat 等。

1.2.3　网站设计与开发的常用工具

在网站设计和开发的过程中，有很多不同功能的工具软件针对不同的环节。在 Web 前端和服务器端所使用的软件存在一定的差异。

1. 设计工具

(1) Photoshop

大名鼎鼎的 Adobe Photoshop 图像处理软件(简称 PS)在平面设计领域几乎成为业界标准，同样在网页设计过程中也发挥着重要的作用。Photoshop 在网页设计中主要用于设计和处理各种图片，以及直接设计页面并进行切图。

(2) Dreamweaver

同样来自 Adobe 公司的 Dreamweaver 也在网页设计领域成为网页设计师的常用工具。Dreamweaver 是集网页制作和网站管理于一身的所见即所得网页编辑器，利用它可以轻而易举地制作出跨越平台限制和浏览器限制的极具动感的网页。

2. 开发工具

(1) IDE

IDE 是 Integrated Development Environment(集成开发环境)的简称，是用于提供程序开发环境的应用程序，一般包括代码编辑器、编译器、调试器和图形用户界面等工具。IDE 是集成了代码编写功能、分析功能、编译功能、调试功能等于一体的开发软件套。所有具备这一特性的软件或软件套(组)都可以称为集成开发环境，如微软的 Visual Studio 系列、Borland 的 C++ Builder、Eclipse 等。在目前的 Web 应用开发中 IDE 使用较多。

(2) 代码编辑器

虽然 IDE 有方便的集成环境，能够提供编辑、编译、调试于一体的开发环境，但也因此让程序变得臃肿。在一些小规模的开发过程中，轻量级的代码编辑器也是用户经常使用的工具。代码编辑器的功能虽然没有 IDE 完整，但在设计和开发过程中能对编辑和修改代码提供足够的支持。常用的代码编辑器有 Notepad++、Visual Studio Code、Sublime Text 和 UltraEdit 等。

3. 其他工具

(1) 测试工具

网站设计和制作完成后，网站的显示速度如何？网站页面之间的链接是否工作正常？页面是否能够正常交互？网站整体的运行效率如何？这些问题需要通过对网站进行测试才能解答，测试种类较多，例如：Google 的 Page Speed Online 用于页面在线速度测试和网页性能优化方案；Pingdom 提供服务器、网络和网页监测等。

(2) 网站发布工具

网站或 Web 应用设计开发一般在本地进行，网站与 Web 应用在开发完毕后，发布的时候需要用工具将网站文件传送到相应服务器上，较为常用的方式有 FTP、SSH 等。通过 FTP 协议发布和上传网站的工具主要是各种 FTP 客户端工具，如 FlashFXP、CuteFTP、BpFTP、LeapFTP 等。这些 FTP 客户端软件一般都提供方便的图形界面，且支持目录(和子目录)的文件传输及删除。

4. Dreamweaver 界面介绍

Dreamweaver 是本书要用到的软件之一，它提供可视化的方式来进行网页的设计与制作，其界面如图 1.3 所示。

Dreamweaver 的工作界面由几个区域组成，在窗口的顶部分布着菜单栏和颜色图标(也称快捷工具栏)，如图 1.4 所示。菜单栏提供 Dreamweaver 的全部功能，每一个菜单中还包含一些子菜单；颜色图标将常用的功能按照不同类型进行分类，以图标的形式提供给用户使用。

界面的中间区域由左侧的"文档"窗口和右侧的"实时视图"组成，"文档"窗口的上方是"工作区切换"工具条，如图 1.5 所示。"文档"窗口主要用于显示当前文件的代码，"实时视图"是网页设计和制作的主要区域，在这个区域可以非常方便地编辑页面中的各种元素。"工作区切换"工具条的几个按钮可以切换视图。

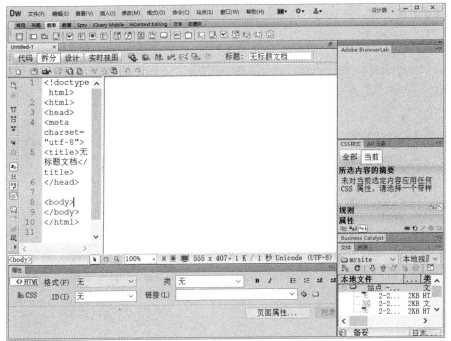

图 1.3 Dreamweaver 界面

图 1.4 菜单栏和颜色图标

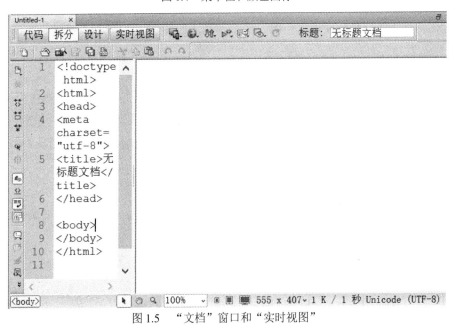

图 1.5 "文档"窗口和"实时视图"

"属性"面板用于设置网页中元素的相关属性，如图 1.6 所示。在 Dreamweaver 中，页面上的元素类似于对象，每一个元素都有相应的属性，通过"属性"面板可以根据需要设置元素的特性，如字体类型、颜色或大小等。

Dreamweaver 工作界面的右侧为其他面板区域，此区域由多个窗口组成，如图 1.7 所示，主要用于管理 AP Div 元素、CSS 样式、文件和资源等。

图 1.6　"属性"面板　　　　　　　　　　图 1.7　其他面板区域

5. Sublime Text 简介

Sublime Text(界面如图 1.8 所示)是目前非常流行的代码编辑器，虽然不具有 Dreamweaver 的可视化设计功能，没有 IDE 集成环境的全面功能，但依然提供非常完善的代码编辑功能。Sublime Text 是收费软件，但可以无限期试用。

Sublime Text 与大多数编辑器一样具有拼写检查、书签、多窗口管理、多选择、代码段提示、自定义功能键、自定义菜单和工具栏等功能，还提供代码缩略图、Python 插件等特色功能。

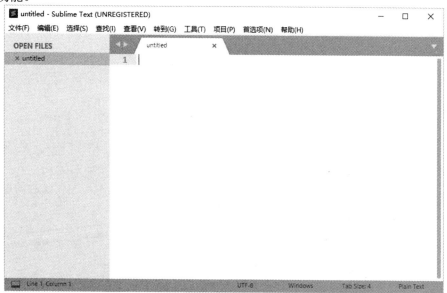

图 1.8　Sublime Text 界面

1.3　本章小结

本章主要介绍了 Web 开发的基本概念，讲述了 Web 应用的发展历程、Web 前端与后台的关系以及网站的概念、组成等，通过示例讲解了网站设计与开发的基本流程，并介绍了网站开发中的主要技术和常用软件。

1.4　课后训练

1. 收集自己喜欢网站的首页，将其截图保存。
2. 以自己学校网站的首页为例分析其结构和布局、色彩方案以及风格特点，写成分析报告。

第2章　HTML5基础

2.1　HTML5 简介

HTML 是 Hypertext Markup Language(超文本标记语言)的简称，是互联网上用于编写网页的工具。自从 1993 年 6 月互联网工程工作小组发布草案开始，HTML 就开始给网络世界带来不断的变化，1997 年发布的 HTML 4.0 在很长一段时间里成为互联网上页面设计和编写的唯一工具，影响了 Web 世界的所有应用。随着互联网技术的不断发展，人们对网页浏览的体验要求越来越高，HTML 4.0 逐渐暴露出一些不足，随后一些新的分支(如 XHTML)的出现加剧了人们对这些缺点的诟病，W3C 组织(World Wide Web Consortium, 万维网联盟)与 WHATWG 工作组(Web Hypertext Application Technology Working Group)合作开始了 HTML5 新标准的制定。

HTML5 新标准出台后，得到很多软硬件平台的支持，目前主流的浏览器(微软的 IE 和 Edge 浏览器、谷歌的 Chrome 浏览器、Apple 的 Safari 浏览器以及 Opera 浏览器等)都对 HTML5 的新特性提供一定程度的支持，由于 HTML5 还在发展，因此，这些浏览器在对新特性的兼容性上存在一些差别。

2.1.1　HTML5 的特点

HTML5 不仅在原 HTML 4.0 的基础上添加了一些新的标签，而且其新规则和新特性是建立在 HTML、CSS、DOM 以及 JavaScript 之上的综合应用。一些原来 HTML 4.0 需要插件来支持的功能和应用，HTML5 自身已经可以实现对它们的支持，尤其画布(canvas 元素)功能的实现，大大增强了 HTML5 的绘图能力，因此，HTML5 减少了对外部插件的需求，比如对 Flash 的支持。

HTML5 增强了对多媒体的支持，这是 HTML 4.0 最弱的环节，HTML5 通过 video 和 audio 元素实现对视频和音频的良好支持。

HTML5 对本地离线存储的支持更好，在很大程度上提高了 Web 应用客户端的安全性和用户体验。

HTML5 新增加的表单控件为用户交互界面提供了更方便的手段。HTML5 另一个受欢迎的新特点是其应用独立于设备，这使开发出来的基于 HTML5 的应用可以更广泛地适应不同的设备与屏幕尺寸。

2.1.2　HTML5 文件结构

HTML5 保持了 HTML 4.0 文件结构的基本特征，增添了一些新的特性，但比 XHTML

和 HTML 4.01 要简洁很多，这完全符合 HTML5 的简洁设计思想。HTML5 的文档结构依然采用<html>、<head>和<body>这种基本标签形式，在<html>标签中使用简洁的 doctype 替代了 HTML 4.01 版本中冗长复杂的定义以定义文档类型，doctype 只是为了验证器进行验证，对浏览器而言没有影响，浏览器可以获得编写页面所用标签的版本。

```
<!doctype html>
<html>
<head>
<meta charset="utf-8">
<title>HTML5 文档</title>
</head>
<body>
</body>
</html>
```

<html>标签告知浏览器这是一个 HTML 文档。html 元素是 HTML 文档中最外层的元素，也可称为根元素。

<head>标签是所有头部元素的容器，在<head>标签内部的元素或标签可以包含脚本、指引浏览器找到样式表、提供元信息，如<base>、<link>、<meta>、<script>、<style>、<title>等标签。

<meta>标签用于提供有关页面的元信息(meta-information)，比如针对搜索引擎和更新频度的描述和关键词。在 HTML5 中对字符编码设置的方式也简化了很多，只需要在<meta>标签中添加 charset="utf-8"属性即可。

<title>标签用于定义文档的标题。浏览器会以特殊的方式使用标题，并且通常把它放置在浏览器窗口的标题栏或状态栏上。同样，当把文档加入用户的链接列表、收藏夹或书签列表时，标题将成为文档链接的默认名称。

<body>标签用于定义文档的主体。body 元素包含文档的所有内容，比如文本、超链接、图像、表格、列表等。

2.1.3　创建一个标准的 HTML5 网页

在 Dreamweaver CS6 中新建文件时，默认创建的文件不是 HTML5 页面文件，因此，在创建的时候，需要在"新建"栏目中选择"更多…"，如图 2.1 所示(新建文件时也可以打开"文件"菜单，选择"新建"子菜单，如图 2.2 所示)，在弹出的"新建文档"窗口中，在"文档类型"下拉列表中选择"HTML 5"选项，如图 2.3 所示。在单击"创建"按钮后会创建 HTML5 文件，在打开的"文件窗口"的右上部分，在"标题"后的文本框内输入"第一个 HTML5 页面"，在下面的"设计窗口"中输入"这是我的第一个 HTML5 页面实例。"，最终效果如图 2.4 所示。

图 2.1　开始界面

图 2.2　"文件"菜单

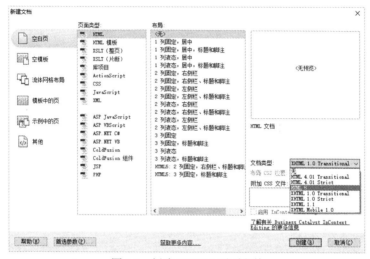

图 2.3　新建 HTML5 页面文件

图 2.4　创建完成的 HTML5 页面文件

创建完 HTML5 页面文件后，将文件保存至文件夹中。首先打开"文件"菜单，选择"保存"子菜单，如图 2.2 所示。在弹出的"另存为"对话框中，在"文件名"后的文本框内输入文件名，在保存位置处选择存储文件的文件夹后，单击"保存"按钮将文件保存，如图 2.5 所示。

图 2.5 "另存为"对话框

保存文件后，在工具条上单击"在浏览器中预览/调试"按钮后，选择"预览在 IExplore"选项或直接按 F12 键，如图 2.6 所示。在浏览器中进行预览，在浏览器中的预览结果如图 2.7 所示。

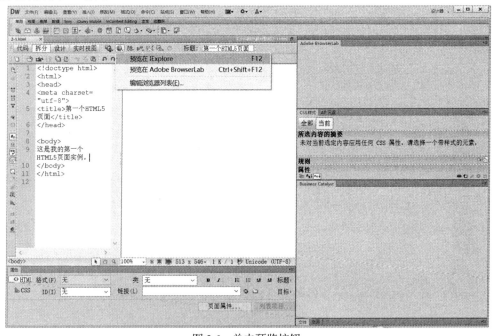

图 2.6 单击预览按钮

图 2.7　在浏览器中的预览结果

2.1.4　Dreamweaver CS6 的使用

　　Dreamweaver CS6 是网页设计与网站开发中最常用的工具之一，本书的所有示例均使用该软件完成。Dreamweaver CS6 是 Adobe 公司的软件，可以从互联网上下载试用版进行安装和使用。

　　在 Dreamweaver CS6 中制作和设计网页时需要创建站点，网站中的本地资源都必须放置在站点目录下。

　　例 2.1：Dreamweaver CS6 站点的创建

　　在"站点"菜单中选择"新建站点"子菜单，如图 2.8 所示。在弹出的"站点设置对象"对话框中单击"本地站点文件夹"文本框旁的文件夹按钮，如图 2.9 所示。接下来在弹出的窗口中选择根文件夹所在的位置，如图 2.10 所示。回到"站点设置对象"对话框，在"站点名称"后的文本框内输入"mysite"后，单击"保存"按钮保存站点信息，如图 2.11 所示。

　　此时创建的站点为静态网站，用于制作基于 HTML、CSS 和 JavaScript 的页面。如果需要开发服务器端程序，则需要对服务器进行相应配置，如图 2.12 所示。

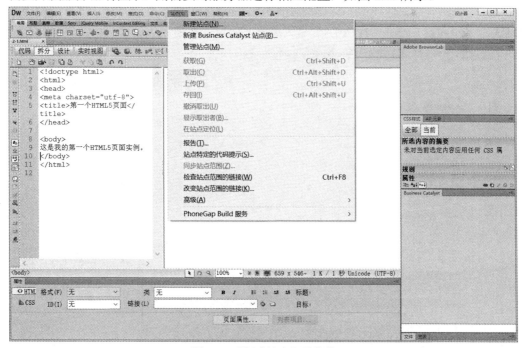

图 2.8　"新建站点"子菜单

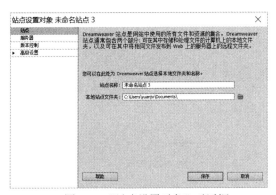

图 2.9　"站点设置对象"对话框

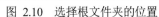

图 2.10　选择根文件夹的位置

图 2.11　命名站点

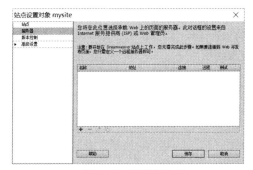

图 2.12　配置服务器

例 2.2： 修改新建文件的类型

Dreamweaver CS6 默认新建文件时采用 XHTML 模板新建文件，为了方便创建 HTML5 文件，需要在"首选参数"对话框中进行修改。首先单击"编辑"菜单，选中"首选参数"子菜单，如图 2.13 所示。在弹出的"首选参数"对话框中打开"默认文档类型 (DTD)"下拉列表，选择"HTML5"后，单击"确定"按钮完成设置，如图 2.14 所示。

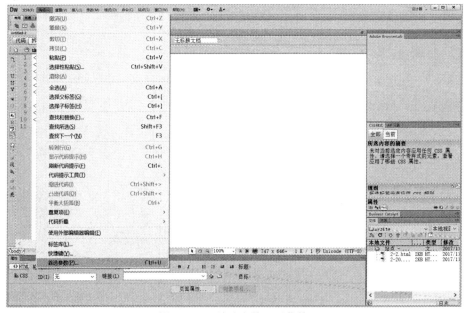

图 2.13　"首选参数"子菜单

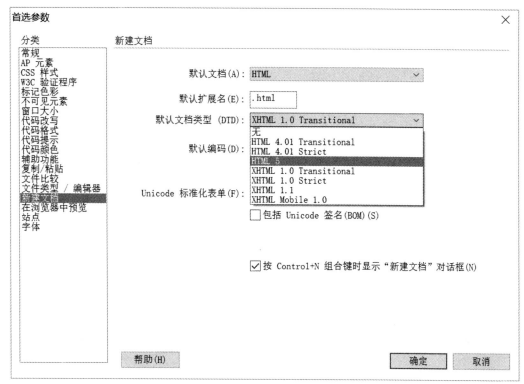

图 2.14　"首选参数"对话框

2.2　常用 HTML5 标签的应用

HTML5 摒弃一些标签的同时保留了绝大多数 HTML 4.0 的标签,尤其是一些常用标签。以下分几类介绍这些常用标签的用法。

2.2.1　页面文字版式标签

1. 段落标签\<p>

\<p>标签用于定义段落,是网页中最常用的标签,通过段落标签可以在段落前后自动生成空白区域,便于阅读。

2. 回车换行标签\

\
标签在出现的位置插入一个简单的换行符。\
标签是空标签,即没有结束标签。\
标签只是简单地开始新的一行,而当浏览器遇到\<p>标签时,通常会在相邻的段落之间插入一些垂直的间距,这两个标签在显示效果上有明显区别。

例 2.3:段落与回车的区别

在 Dreamweaver CS6 中输入唐诗内容,并使用段落和回车换行标签对唐诗进行基本排版,最终的排版效果,如图 2.15 所示。

图 2.15　唐诗排版效果

　　首先参照例 2.1 创建一个新文件，然后用 Windows 操作系统自带的记事本打开提供的素材文件 2-2.txt，选中文件中的所有文字并进行复制，如图 2.16 所示。切换到 Dreamweaver 后，在编辑区域单击右键，从弹出菜单中选择"粘贴"后，将文本粘贴至页面内，如图 2.17 所示。

图 2.16　复制文本

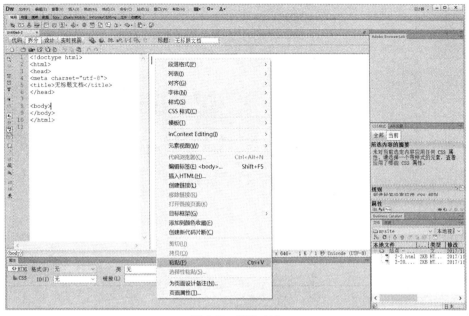

图 2.17　粘贴文本

　　将光标定位到"梦游天姥吟留别"和"【作者】李白【朝代】唐"两部分文字后，按键盘上的回车键，效果如图 2.18 所示。接下来在诗中每个句号的后面进行回车换行，形成的最终效果如图 2.15 所示。进行回车换行的方法有三种：方法一，将光标放在一句诗的句号后，直接在键盘上按组合键 Shift+Enter；方法二，将光标放在一句诗的句号后，选择"插入"菜单后，按照以下顺序选择子菜单"HTML"|"特殊字符"|"换行符"，如图 2.19 所示；方法三，在左侧的代码窗口中；将光标放在一句诗的句号后，直接输入标签"
"。

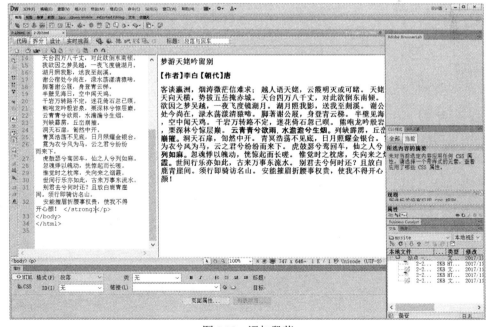

图 2.18　添加段落

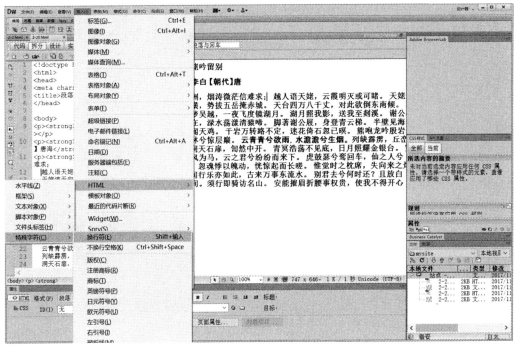

图 2.19　添加回车换行

3. 标题标签

标题标签共有六级，<h1>～<h6>标签用于定义标题。<h1>定义最大的标题，<h6>定义最小的标题，各级标题与默认的段落文字的对比，如图 2.20 所示。

图 2.20　标题和水平线

4. 水平线标签

\<hr\>标签在 HTML 页面中创建一条水平线。水平线可以在视觉上将文档分隔成各个部分，往往用于实现比较简单的分割效果。

例 2.4：标题与水平线

(1) 在 Dreamweaver 设计窗口内输入"标题 1"到"标题 6"文字，在每行末尾用回车将其分为段落，最后输入"默认段落文字"。

(2) 将光标放在"标题 1"文字处，在"属性"面板的"格式"列表中选择"标题1"，如图 2.21 所示。

图 2.21　设置标题

(3) 按照以上做法完成其他标题。

(4) 先后将光标放在"标题 6"和"默认段落文字"后，选择"插入"菜单的子菜单"HTML"｜"水平线"，在其后各插入一条水平线，如图 2.22 所示。

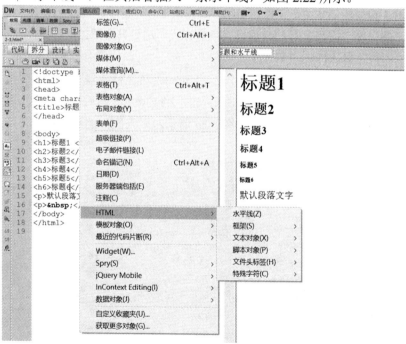

图 2.22　插入水平线

(5) 用鼠标点选"默认段落文字"后的水平线，在"属性"面板中设置水平线的长度和高度，如图 2.23 所示。

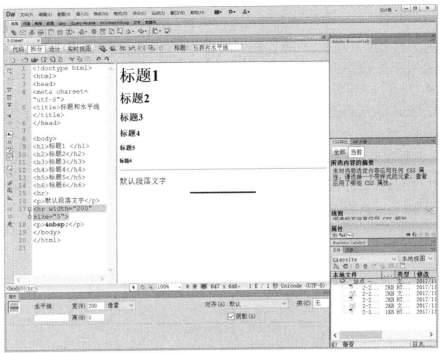

图 2.23　设置水平线

5. 加粗和斜体

在 HTML5 以前的版本中，为设置文字样式提供了一些标签，但在 HTML5 中已经不再使用其中的一些标签，推荐采用 CSS 设置文字的样式，这里只介绍加粗和斜体样式的应用。

例 2.5：加粗、斜体标签应用

(1) 打开例 2.3 中完成的唐诗，另存为 2-21.html。将光标放置在标题"梦游天姥吟留别"处，在"属性"面板中设置为一级标题，如图 2.24 所示。然后选择"【作者】"并在"属性"面板中点选"B"加粗标签，如图 2.25 所示，采用同样的做法对"【朝代】"两字设置加粗效果。

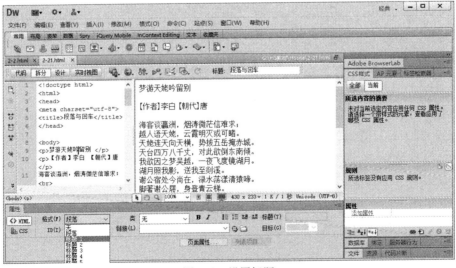

图 2.24　设置标题

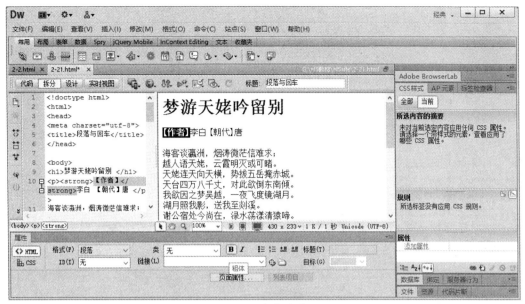

图 2.25　加粗字体

(2) 选中"李白"两字，并在"属性"面板中点选"I"斜体标签，将其设置为斜体，如图 2.26 所示，采用同样的做法将"唐"字设置为斜体。

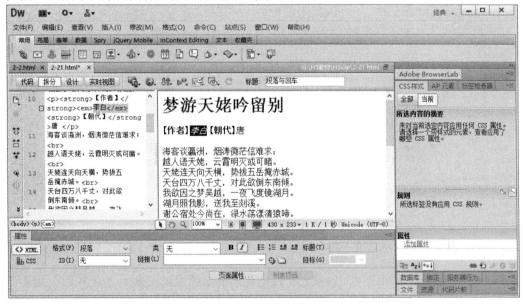

图 2.26　设置斜体

(3) 将光标放在"【作者】"前，插入水平线，如图 2.27 所示，在浏览器中的预览结果如图 2.28 所示。

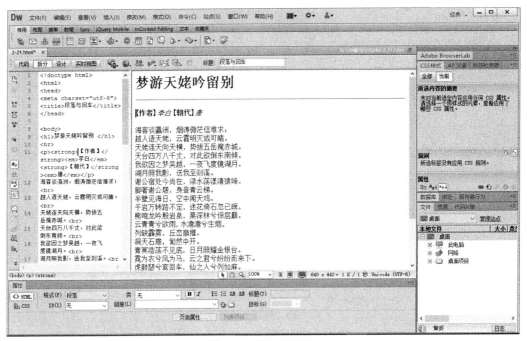

图 2.27　插入水平线

图 2.28　在浏览器中预览

2.2.2　图像标签

图像是网页设计中最常用的元素之一，通过使用图像可以使页面产生图文并茂的效果，目前主流网站都离不开图像的应用。

1. 图像格式

图像的格式种类众多，在网页上使用的图像格式通常有三种：JPG、PNG 和 GIF。三种图像格式各有特点。

JPG 的全名是 JPEG(Joint Photo graphic Expert Group 联合图像专家组)，可以用 24 位颜色存储单个位图。它支持最高级别的压缩，当然这种压缩会导致图像画质的降低。

GIF(Graphics Interchange Format)是指"图像互换格式"，是早在 1987 年就被开发出来的图像文件格式。GIF 文件采用一种基于 LZW 算法的含连续色调的无损压缩格式，压缩率一般在 50%左右。GIF 格式可以存多幅彩色图像，如果把存放在一个文件中的多幅图像逐幅读出并显示到屏幕上，就可构成一种最简单的动画。

PNG 是便携式网络图形(Portable Network Graphics)的简称，可以提供无损压缩的图像格式，压缩比高，生成的文件体积小。

2. 图像标签

<img>标签用于显示图像，它有两个必需的属性—— src 和 alt，src 属性的值是图像文件的 URL，URL 可以采用相对路径表示，也可以采用绝对路径表示。绝对路径就是文件或目录在硬盘上真正的路径，也叫物理路径。例如，index.html 文件存放在 e:/mysite/h5 下，这就是绝对路径。在网络中，以 http 开头的链接都是绝对路径，绝对路径就是网站上的文件或目录在硬盘上真正的路径，但制作网页时很少用到，更多使用相对路径。相对路径就是相对于当前文件的路径，例如 index 所在同一目录下的文件 about.html，用相对路径表示时直接用文件名即可，如果是 h5 目录中 image 子目录下的 title.jpg 文件，相对路径表示为 image/title.jpg，如图 2.29 所示。相对路径经常使用一些特定符号表述路径：

"./"：代表目前所在的目录。

"../"：代表上一层目录。

"/"：代表根目录。

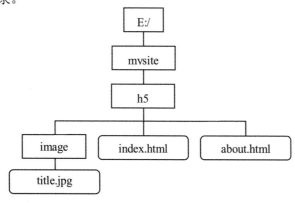

图 2.29　目录结构示意图

alt 属性也是必需的，是图像无法显示时的替代文字，即使图像显示不出来，也可以通过文字描述来说明图像的内容。

在 Dreamweaver 中插入和使用图像文件非常方便，但依然保留了一些 HTML5 不再使用或不推荐使用的属性，这些属性在 HTML5 规范中去除后转交 CSS 进行定义和使用。本章介绍基本的图像标签的使用方法。

例 2.6：使用图像文件

(1) 在站点根目录下创建 image 文件夹，并将"libai.jpg"图片文件拖放到该文件夹内，如图 2.30 所示。

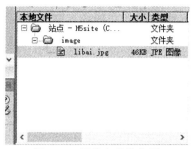

图 2.30　图像文件的位置

(2) 将光标放在最后一行诗句之后并回车，在"常用"工具栏中单击"图像"按钮(如图 2.31 左图所示)，或者在"插入"菜单中选择"图像"子菜单(如图 2.31 右图所示)，打开"选择图像源文件"对话框，如图 2.32 所示，选择"libai.jpg"图像文件后单击"确定"按钮。

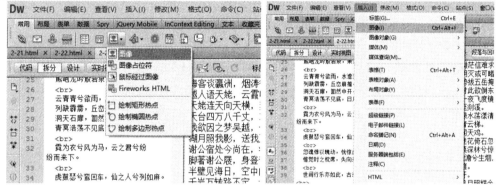

图 2.31　插入图像

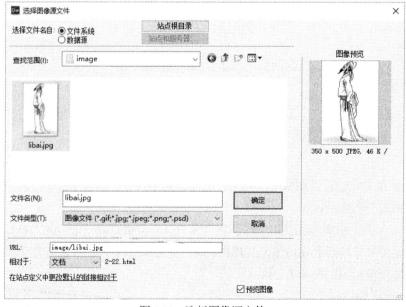

图 2.32　选择图像源文件

(3) 在弹出的"图像标签辅助功能属性"对话框的"替换文本"处输入"李白"，单击"确定"按钮将图像插入光标所在位置，如图 2.33 所示。在浏览器中的预览结果如图 2.34 所示。

<table>
<tr><td>图 2.33　设置图像标签辅助功能属性</td><td>图 2.34　预览结果</td></tr>
</table>

在 Dreamweaver 中点选插入的图像后，"属性"面板中出现对图像进行设置的属性，如图 2.35 所示。"源文件"表示图像源文件的路径信息，在"链接"处可以设置图像链接，在"高"和"宽"处可以设置图像在浏览器中显示的大小，单位默认是"px"，右侧的"锁定"图标可以还原图像原来的尺寸。"属性"面板左下方的三个图标用于在图像上设置热点。

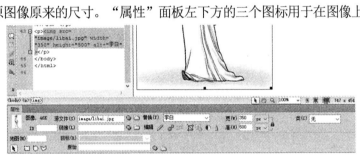

图 2.35　图像属性面板

2.2.3　列表标签

在网页中，对于相同类型的文字，往往采用列表的方式将其分类排列，HTML 中有两类列表：项目列表(也称无序列表)和编号列表(也称有序列表)，如图 2.36 所示。项目列表在列表项的前面只有项目符号，默认状态下是圆点，编号列表在项目项的前面是有序的序号。

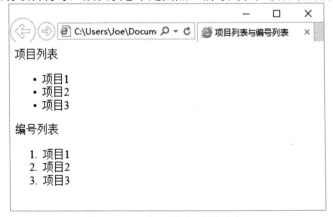

图 2.36　项目列表与编号列表

项目列表的标签分为两层，外层为<ul></ul>，表明这是一个项目列表，列表中的每一项用<li></li>标签定义。编号列表的外层标签为<ol></ol>，列表项的标签与项目列表相同，图 2.36 中项目列表与编号列表的源代码如下：

```
<p>项目列表</p>
<ul>
    <li>项目 1</li>
    <li>项目 2</li>
    <li>项目 3</li>
</ul>
<p>编号列表</p>
<ol>
    <li>项目 1</li>
    <li>项目 2</li>
    <li>项目 3</li>
</ol>
```

例 2.7：制作唐诗目录

(1) 将素材"唐诗选编.docx"文件复制到站点文件夹中，并选择"文件"菜单的"导入" | "Word 文档"子菜单，如图 2.37 所示。在弹出的对话框中选择"唐诗选编.docx"文件后，将文档内容插入到页面中，如图 2.38 所示。

图 2.37　"导入"菜单　　　　　　　　　图 2.38　选择要导入的文件

(2) 插入后的文档内容每行均以回车(
标签)结尾，在制作两类列表时都需要项目为段落状态，因此需要将所有的回车标签替换成<p>标签。首先将光标放置在左侧的代码窗口中，然后选择"编辑"菜单的"查找和替换"子菜单，如图 2.39 所示。在弹出的"查找和替换"对话框的"查找"处输入"
"，在"替换"处输入"<p>"后，单击"替换全部"按钮，替换全部换行标签，如图 2.40 所示。

图 2.39 "查找和替换"子菜单　　　　　图 2.40 "查找和替换"对话框

(3) 将光标放置在文本"唐诗选编"处，将其设置为 H1 标题。选中文本"李白诗选"后，在"属性"面板中单击"项目列表"按钮，将其设置为项目列表，同时单击"加粗"按钮，设为粗体，如图 2.41 所示。将其他诗人的标题都设置为同样的效果。

(4) 选择文本"李白诗选"以下各行诗名后，在"属性"面板中单击"编号列表"按钮，将其设置为编号列表，如图 2.42 所示，参照此步操作完成其他部分。

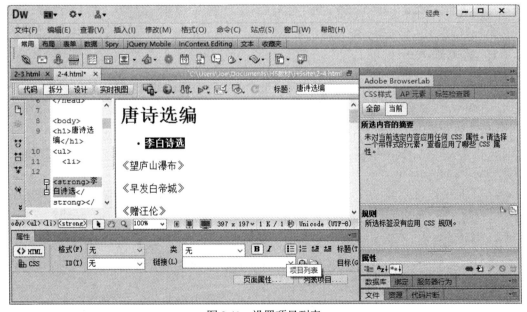

图 2.41 设置项目列表

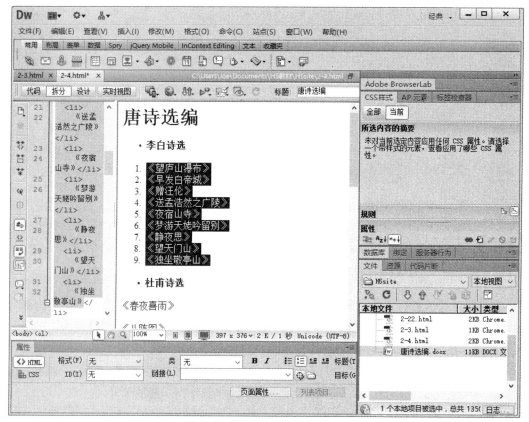

图 2.42　设置编号列表

2.2.4　超链接标签

超链接是用于从一个页面链接到另一个页面的一种应用，是 HTML 最为重要的一个标签，目前互联网上的各种应用中都会用到超链接。超链接标签<a></a>最重要的属性是 href，用于指定链接的目标。在浏览器中，链接的默认外观是：未被访问的链接带有下画线且是蓝色的，已访问的链接带有下画线且是紫色的，活动链接带有下画线且是红色的。

超链接标签的典型样式：

<a href="http://www.163.com">网易</a>。标签之间的文字用于在页面上进行显示，如图 2.43 所示，真正跳转的目标地址由 href 属性给出。

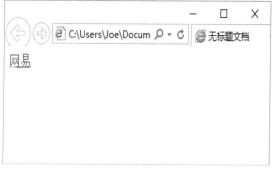

图 2.43　超链接示例

　　空链接是一种特殊的连接，即 href 属性不是具体的 URL 信息而是"#"，此时链接在页面上会正常显示，但单击链接不会发生跳转。

　　超链接除了 href 属性之外，还有一些其他常用属性，规定如下：

download="filename"规定被下载的超链接目标。

media="media_query"规定被链接文档是为何种媒介/设备优化的。

rel ="text"规定当前文档与被链接文档之间的关系。

target="_blank"规定在何处打开链接文档，除了_blank 外，还有_parent、_self、_top 等。

例 2.8：给唐诗目录添加超链接

(1) 首先给"《望庐山瀑布》"添加空链接。选中"《望庐山瀑布》"，在"属性"面板的"链接"处输入"#"，如图 2.44 所示。

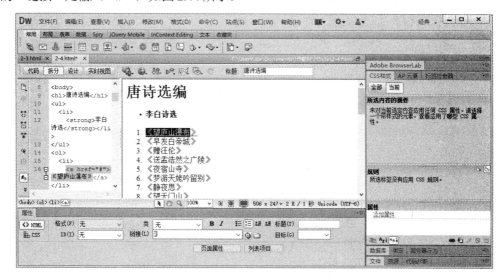

图 2.44　创建空链接

(2) 用光标选择"《早发白帝城》"后，单击"常用"工具栏上的"超级链接"按钮，如图 2.45 所示，在弹出的"选择文件"对话框中选择链接文件，如图 2.46 所示，单击"确定"按钮后创建链接。

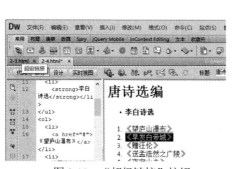

图 2.45　"超级链接"按钮

图 2.46　选中链接文件

(3) 选择"《梦游天姥吟留别》"后，在"属性"面板中的"链接"文本框后，拖放

"链接"符号至"文件"面板处要链接的文件，如图 2.47 所示。在浏览器中的预览结果如图 2.48 所示。

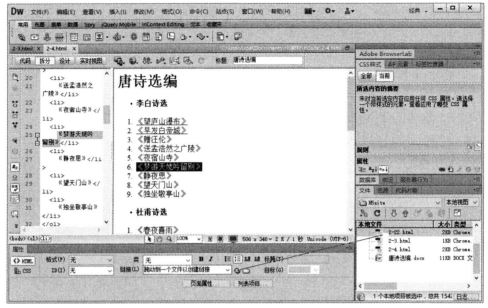

图 2.47　拖放链接

图 2.48　预览结果

2.2.5　表格标签

表格是网页中非常常用的一种工具，不仅可以用来显示排列数据，还可以利用表格进行简单的页面排版。HTML 中的网页大量采用表格进行排版布局，后来逐渐被 div 标签结合 CSS 代替。

表格标签较为复杂，由多个标签组成，且存在一定的位置和嵌套关系，因此对于初学者而言不容易掌握，但在 Dreamweaver 中可以较为方便地插入和编辑表格。

例 2.9：在 Dreamweaver 中创建表格

选择"插入"菜单的"表格"子菜单，如图 2.49 所示。在弹出的"表格"对话框中输入"行数"和"列数"以及表格的宽度，如图 2.50 所示。单击"确定"按钮后会在光标所在处插入指定行数和列数的表格，如图 2.51 所示。

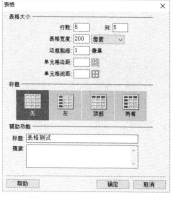

图 2.49　"插入"菜单　　　　　　　　图 2.50　"表格"对话框

图 2.51　创建完成的表格以及表格的属性面板

在图 2.50 所示的对话框中，除了可以设置表格的行数和列数，还可以设置表格的其他属性。其中表格的宽度有两种单位：一种是以像素 pixel 为单位，可以将表格设定成固定宽度；另一种是百分比(%)，采用百分比设置的表格的实际宽度会随着浏览器宽度的变化而变化。

在"表格"对话框中，默认表格边框粗细为 1 像素，单元格边距和单元格间距为 0。表格标题和摘要也可以在此处设置。

插入成功的表格的标签如下所示，其中各个标签的作用不同：

```
      <td> </td>
    </tr>
    ……
    <tr>
      <td> </td>
      <td> </td>
      <td> </td>
      <td> </td>
      <td> </td>
    </tr>
</table>
```

<table></table>标签是表格的外层标签，用于定义整个表格，在这对标签里可以设置表格的一些属性。

border 属性用于设定表格边框的宽度，单位是 pixel；cellpadding 属性用于设定单元格的边沿与其内容之间的空白，单位可以用 pixel，也可以用%；cellspacing 属性用于设置单元格之间的空白，单位是 pixel 或%；width 属性用于设置表格的宽度，单位是%或 pixel。

<tr></tr>标签用于定义表格中的行，在这对标签中可以包含一对或多对<td></td>标签。

<td></td>标签用于定义表格中的标准单元格。<th></th>也是单元格的一种，主要用于表头单元格的定义。

<caption>标签用于定义表格的标题，一般必须紧随<table>标签之后。

在 HTML 中创建完成的表格可以编辑成一些特定样式的表格，Dreamweaver 提供了非常方便的编辑功能，可以对表格进行单元格的合并、拆分，以及行或列的插入和删除等操作。

例 2.10：在 Dreamweaver 中编辑表格

(1) 在上面创建的表格中选择两个连续的单元格。在"属性"面板中单击"合并"单元格按钮，将这两个单元格合并成一个单元格，如图 2.52 所示。

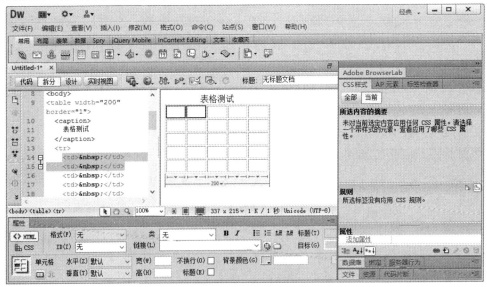

图 2.52　合并单元格

（2）将光标置于一个单元格内，在"属性"面板中单击"拆分"单元格按钮，在弹出的对话框中设置拆分成行，并设置拆分的行数，如图 2.53 所示，单击"确定"按钮后将该单元格拆分成两行。

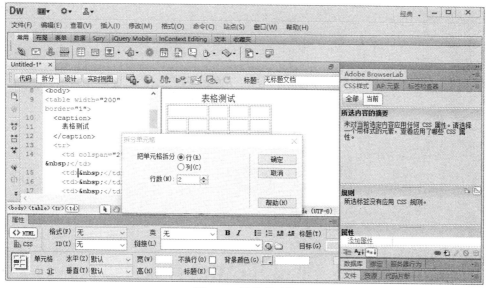

图 2.53　拆分单元格

（3）将光标置于一个单元格内，在"属性"面板中单击"背景颜色"菜单，在弹出的色彩面板中选择一种颜色，如图 2.54 所示，将该单元格的颜色设置为彩色。

图 2.54　设置单元格背景色

（4）将光标置于一个单元格内并单击右键，在弹出的菜单中选择"表格"，在子菜单中选择"插入行"后，会在当前行的前面插入一行表格，如图 2.55 所示。插入列、删除行和列的做法与此类似。预览结果如图 2.56 所示。

图 2.55　插入单元格

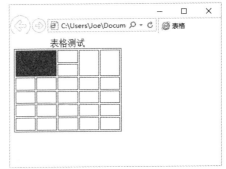

图 2.56　预览结果

2.3　常用 HTML5 表单

　　表单是 HTML 中用于实现交互功能的主要元素，自从表单出现在 HTML 的应用中之后，就成了构造用户交互界面必不可少的工具。HTML5 进一步强化和完善了表单的交互功能以及用户体验，将原来一些只能通过其他脚本实现的功能(如对表单内容的验证、表单内容的自动完成等功能)，在 HTML5 表单中实现了直接支持，减少了表单对 JavaScript 脚本的依赖性。对表单增加的功能和属性便于用户设计更为复杂的应用。

　　表单以<form>元素作为容器，在该元素中设置用于实现交互的表单元素，在用户提交表单页面时，表单将各个表单元素的值传递给服务器。

2.3.1　<form>标签

　　<form>标签是表单的容器，其他所有表单元素都需要放在<form>标签内部。在 HTML5 中，在表单控件中可以添加表单标签的 id 属性，用以表明该控件属于哪个表单，便于统一管理，这样的用法类似于样式表的管理方法。用法如下：

```
<form id="testform">
<textarea form="testform"></textarea></form>
```

　　表单有两个重要属性：action 属性可以设定表单提交的服务器地址，method 属性为表单提交数据的方法，有两种方法(GET 和 POST)。GET 方法使用 URL 传递参数，如 http://IP?name1=value1&name2=value2，?表示传递参数，?后面采用 name=value 的形式传递，多个参数之间用&连接。采用这种 URL 传递参数并不安全，所有信息可在地址栏中以明文方式显示，并且可以通过地址栏随意修改传递的数据。另一方面，这种方式下传递数据量有限，传递数据较少。POST 方法使用 HTTP 请求传递数据，传递数据量大，且不会在 URL 地址栏中显示，相对较为安全。

2.3.2　<input>标签

<input>标签在表单中用于获取输入数据，根据 type 属性值的不同，在 Web 页面上显示出不同的样式效果。<input>标签的常用属性如表 2.1 所示。

表 2.1　<input>标签的常用属性

属性名称	属性值	用途
type	text	文本输入框
	password	密码输入框，输入后不显示实际内容，只显示黑点
	radio	单选按钮
	checkbox	复选框
	file	文件上传按钮
	submit	提交按钮，用于提交表单数据
	reset	重置按钮，将表单数据重置为初始状态
	image	图形提交按钮，功能同 submit 属性，可以提交数据
	button	普通按钮
	email	用于输入和校验 email 地址，样式同 text 属性，但可以自动校验 email 格式
	url	用于输入和校验 URL 地址，样式同 text 属性，但可以自动校验 URL 格式
	number	用于接收数字格式的数据，并且可以设置数值范围验证
	range	以滑动条的方式让用户在一定范围内输入数值数据
	date	日期和时间选择器
	search	搜索域
name		用于对表单元素命名
value		name 和 value 属性需要同时存在，提交时，提交的是 value 属性的值
checked	checked	用于单选按钮或复选框的选中

<input>标签的 type 属性值较多，在 HTML5 中又添加了一些新的功能，在 Dreamweaver 的工具栏中只支持 HTML 4.0 中最为常见的一些，可以通过其设计界面进行所见即所得的设计。

例 2.11：利用表单设计用户注册页面

(1) 在工具栏上单击"表单"图标，在设计窗口中添加一个表单，如图 2.57 所示。在设计窗口中，这个表单以红色的虚线框表示，但在浏览器中进行预览时不会显示该虚线框。

(2) 将光标放置在表单的虚线框内，选择"插入"菜单的"表格"子菜单，在表单内插入一个 7 行 2 列、宽度为 400 像素的表格，用于简单布局，如图 2.58 所示。

图 2.57 插入表单   图 2.58 插入表格

(3) 将第一行和最后一行表格的单元格分别进行合并，如图 2.59 所示。

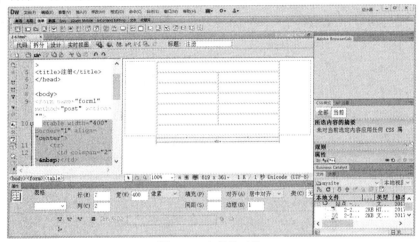

图 2.59 合并单元格

(4) 将光标放置在最后一行的单元格内，插入一个 1 行 2 列的表格，将表格宽度设置为 100%，将边框粗细设为 0，如图 2.60 所示。

图 2.60 插入底部表格

(5) 参照图 2.61，在表格相应位置输入文字，并设置为右对齐。

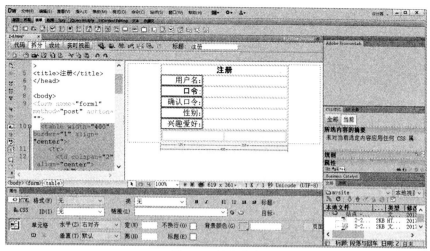

图 2.61　输入文字

(6) 在"用户名"后的单元格内插入文本字段，将 ID 设置为"username"，如图 2.62 所示。

图 2.62　插入"用户名"文本字段

(7) 在"口令"后的单元格内插入文本字段，将 ID 设置为"passwd"，如图 2.63 所示。选中刚创建的文本字段，在属性面板中将类型修改为"密码"，如图 2.64 所示。以同样方式设置"确认口令"的文本字段。

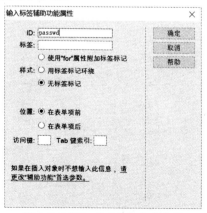

图 2.63　插入"口令"文本字段

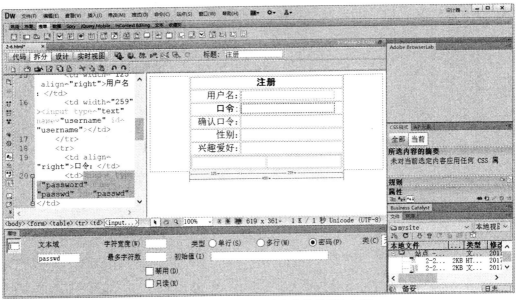

图 2.64　设置"口令"文本字段的类型为密码

(8) 在"性别"后的单元格内插入单选按钮组，命名为"usergenda"，在"标签"一栏中分别设置为"男"和"女"，用于在页面中显示，在右侧的"值"一栏中对应设置为"male"和"female"，如图 2.65 所示。

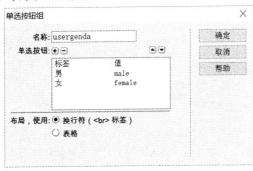

图 2.65　插入"性别"单选按钮组

(9) 在"兴趣爱好"后的单元格内插入复选框组，命名为"hobbys"，按下"+"按钮添加选择项，并将标签内容设置为阅读、音乐、运动，对应的值分别为 reading、music、sports，如图 2.66 所示。

图 2.66　插入"兴趣爱好"复选框组

（10）在最底下一行的表格内插入两个按钮，在属性面板中分别将动作类型设置为"提交表单"和"重置表单"，如图 2.67 所示。

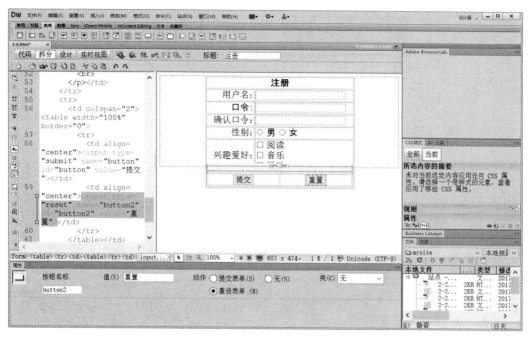

图 2.67　插入"提交"和"重置"按钮

（11）选中"性别"单选按钮组中的"男"选项，在"属性"面板中将"初始状态"设置为已勾选，如图 2.68 所示，完成后进行预览，如图 2.69 所示。

Dreamweaver 没有提供可视化设计的 input 属性，可以在代码窗口中直接输入代码来实现。以下代码可实现如图 2.70 所示的效果。

图 2.68　设置默认性别选项

图 2.69 预览效果   图 2.70 HTML5 表单新属性的显示效果

```
<form name="frm1" method="post" action="">
电子邮件：<br><input type="email" name="email"><br>
URL：<br><input type="url" name="url"><br>
数字滚动条：<br><input type="range" name="range"><br>
搜索框：<br><input type="search" name="search"><br>
日期选择：<br><input type="date" name="date"><br>
<input type="submit" value="提交">
</form>
```

在以上显示效果中，电子邮件和 URL 的显示效果与文本字段的外观一样。但是在提交页面的时候，如果内部内容格式不正确，便会出现相应的提示信息，如图 2.71 所示。

图 2.71 电子邮件和 URL 校验显示效果

range 为特定值的范围，以滑动条显示。与其相关的属性有：max 规定允许的最大值，min 规定允许的最小值，step 规定合法的数字间隔(如 step="3")，value 规定默认值。search 用于搜索引擎，与普通文本框的用法一样，只不过这样更语义化。

2.3.3 列表控件

在 HTML5 中有两种可以为用户提供数据列表显示功能的控件。其中<select>标签在 HTML 4.0 中就存在，datalist 是 HTML5 中新添加的标签。

1. <select>标签

<select>标签实现的列表也被称为菜单，用户可以通过点选项目选择数据。Dreamweaver 支持以可视化方式创建该控件。与<select>标签相关的控件有三种不同的样式：菜单、列表和

跳转菜单。

例 2.12： 创建三种不同样式的选择菜单

(1) 将光标放置在文本"学院"后，在表单工具栏中单击"选择(列表/菜单)"按钮，在弹出的对话框中将 ID 设置为"college"，并将"样式"设置为"无标签标记"，单击"确定"按钮，如图 2.72 所示。在弹出的"列表值"对话框的"项目标签"一栏中输入学院信息，在对应的"值"一栏中输入字母简称，如图 2.73 所示。

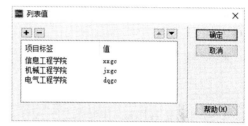

图 2.72　"输入标签辅助功能属性"对话框　　　　图 2.73　编辑学院信息列表

(2) 将光标放置在文本"专业"后，重复上一步操作，将 ID 设置为"major"，在列表中输入专业信息和字母简称，如图 2.74 所示。设置完成后，点选该控件，在"属性"面板中，将"类型"设置为"列表"，将"高度"设置"4"，如图 2.75 所示。

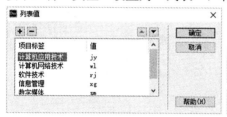

图 2.74　编辑专业列表　　　　　　　　图 2.75　设置类型和高度

(3) 将光标放置在文本"友情链接"后，插入跳转菜单，在弹出的对话框中编辑文本信息为"新浪网"，将"选择时，转到 URL"设置为 http://www.sina.com，将菜单 ID 设置为"jumpMenu"，如图 2.76 所示。完成后的最终预览效果如图 2.77 所示。

图 2.76　插入跳转菜单　　　　　　　　图 2.77　预览效果

　　<select>标签由 select 和 option 组成，一对<select>标签可以包含多组<option>标签，上面的学院选项的代码如下：

```
<select name="college" id="college">
   <option value="xxgc">信息工程学院</option>
   <option value="jxgc">机械工程学院</option>
   <option value="dqgc">电气工程学院</option>
</select>
```

　　value 属性为传递的值，当 option 没有 value 属性时，往后台传递的是<option></option>标签中的文字。

　　multiple="multiple"设置 select 控件为多选，可在界面中使用 Ctrl+鼠标进行多选。一般不用。

　　selected="selected"为默认选中。

2. 数据列表

　　数据列表是 HTML5 中新添加的控件，在 Dreamweaver 中不支持可视化设计。数据列表的外观由两部分组成——上部的文本框和下拉列表，标签则由<input>、<datalist>和<option>三个标签组成。以下代码的效果如图 2.78 所示。

```
<input list="college" />
<datalist id="college">
     <option value="信息工程学院">
     <option value="机械工程学院">
     <option value="电气工程学院">
</datalist>
```

图 2.78　数据列表

2.3.4　文本域标签<textarea>

　　文本域的功能与文本字段的作用类似，文本域的外观能够通过相关属性进行设置，如设置文本域的行与列，以及滚动条的样式。

例 2.13：制作简单留言页面

（1）首先在页面上插入表单，参照前面的示例，在表单内插入一个 4 行 2 列、宽度 500 像素的表格，将其居中。分别将第一行和最后一行的单元格合并，在第一行内输入"留言板"，在第二行和第三行左边的单元格内输入"留言标题"和"留言内容"，如图 2.79 所示。

图 2.79　布局制作

（2）在"留言标题"后的单元格内插入文本字段，将 ID 设置为"ptitle"。在"留言内容"后插入文本域，在弹出的对话框中将 ID 设置为"pcontent"，选中刚创建的文本域，在属性面板中设置"字符宽度"为 40、"行数"为 8，如图 2.80 所示，最终预览效果如图 2.81 所示。

图 2.80　设置文本域

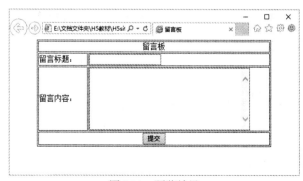

图 2.81　预览效果

2.4　本章小结

本章通过在 Dreamweaver 中进行可视化设计的示例来讲解 HTML 的基础知识，主要介绍了 HTML 页面的基本结构以及常用标签的使用方法，并对 HTML5 中的部分新特性进行重点讲解，使学习者能够快速掌握 HTML 的基本用法。

2.5　课后训练

1. 使用 HTML5 的基本标记创建一个网页，在页面上显示自己学校的名称(一级标题)、院系名称(二级标题)、专业名称、班级名称和姓名(后三项设置为项目列表)，参照图 2.82。

图 2.82　个人简介

2. 在表格中制作唐诗选编目录，表格在页面上居中，将"唐诗选编-目录"设置为一级标题且居中，其他参照图 2.83 设置。

图 2.83　唐诗选编目录

3. 参照图 2.84 制作用户调查表，"用户调查表"为一级标题，将"基本情况"和"调查项目"设置为粗体和斜体。

图 2.84　用户调查表

第3章 CSS基础

3.1 CSS 概述

网页的实现需要以 HTML 作为基础，但是 HTML 在设计之初，在样式的表现上非常简陋。在发展过程中为了满足用户对页面设计的需求，不断增加新的功能，使得 HTML 变得越来越复杂，越来越凌乱，违背了 HTML 最初的设计思想。于是一种新的技术作为 HTML 的显示辅助工具便出现了，这就是 CSS 样式单。

3.1.1 CSS 简介

CSS 本质上是为 HTML 标记语言提供各种样式描述，定义 HTML 中元素的显示方式。CSS 在 Web 设计领域里是一个突破，利用 CSS 可以定义一组样式，实现多个页面一同使用，从而得到同样的样式效果。

CSS 提供了非常丰富的样式设置，且修改方便。CSS 的一个重要特性就是层叠，层叠就是对一个元素多次设置同一个样式，这将使用最后一次设置的属性值。例如，对一个站点中的多个页面使用同一套 CSS 样式表，而某些页面中的某些元素想使用其他样式，就可以针对这些样式单独定义一个样式表并应用到页面中。这些后来定义的样式将对前面的样式设置进行重写，在浏览器中看到的将是最后设置的样式效果。

在早期的用 HTML 定义页面效果的网站中，往往需要大量或重复的表格和 font 元素，以形成各种规格的文字样式，这导致 HTML 页面中产生大量的 HTML 标签，从而使页面文件的大小增加。而将样式的声明单独放到 CSS 样式表中，可以大大减小页面的体积，这样在加载页面时使用的时间也会大大减少。另外，CSS 样式表的复用在更大程度上缩减了页面的体积，减少下载时间。在 HTML5 标准中，又将一部分 HTML 中原有的样式属性转移至 CSS 中，由此可以看出，CSS 在页面样式的设计中越来越重要。

3.1.2 在 Dreamweaver 中使用 CSS

Dreamweaver 从一开始就对 CSS 的设计和使用提供非常方便的可视化工具，因此在 Dreamweaver 中进行页面设计非常方便和直观。

Dreamweaver 提供了一种层，也叫 AP Div，用于布局，其本质就是 div 标记，但可以通过拖放和绘制的方式进行页面的设计和布局，非常方便，适合初学者快速掌握 CSS 这种布局方法，也为进一步使用 CSS3 进行设计和布局提供初步基础。以下示例通过绘制并设置 AP Div 实现网页布局效果，为便于区分不同区域，对每一个 AP Div 设置背景色。

例 3.1： 在 Dreamweaver CS6 中使用 AP Div 进行简单的布局和设计

（1）首先切换到布局工具条，单击"绘制 AP Div"图标，在设计区域绘制一个矩形，如图 3.1 所示。

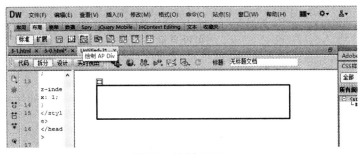

图 3.1　绘制 AP Div

（2）按照同样的方式，参照图 3.2 绘制其他几个 AP Div，只需要按照基本位置绘制即可，无须精确绘制。

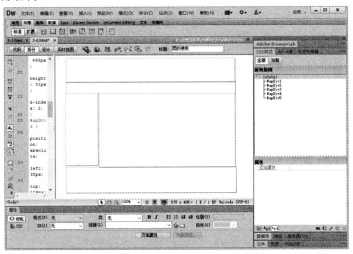

图 3.2　初步绘制完成的布局效果

（3）选中 apDiv1，在"属性"面板中设置相关参数，"左"为 0px，"上"为 0px，"宽"为 480px，"高"为 80px，"颜色"为#666666，如图 3.3 所示。

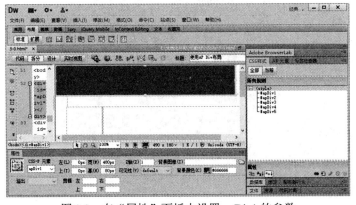

图 3.3　在"属性"面板中设置 apDiv1 的参数

(4) 选中 apDiv2，在"属性"面板中设置相关参数，"左"为 0px，"上"为 80px，"宽"为 480px，"高"为 30px，"颜色"为#999999；选中 apDiv3，设置相关参数，"左"为 0px，"上"为 110px，"宽"为 120px，"高"为 220px，"颜色"为#CCCCCC；选中 apDiv4，设置相关参数，"左"为 120px，"上"为 110px，"宽"为 360px，"高"为 220px，"颜色"为#666666；选中 apDiv5，设置相关参数，"左"为 0px，"上"为 330px，"宽"为 480px，"高"为 70px，"颜色"为#999999，最终设置如图 3.4 所示，在浏览器中的预览效果如图 3.5 所示。

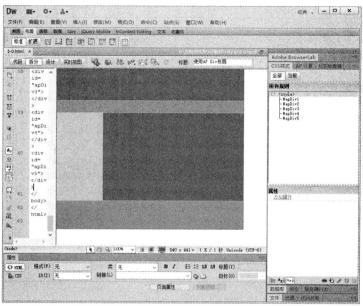

图 3.4　设置完成的效果

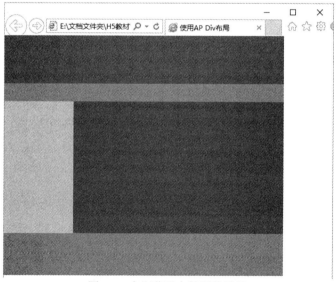

图 3.5　在浏览器中的预览效果

3.1.3　班级网站首页制作

根据第 1 章中对班级网站的规划和设计要求完成以下案例的制作，班级网站首页完成效果如图 3.6 所示。在此案例中，依然沿用 apDiv 进行设计和布局，全部设置也都在属性面板与 CSS 窗口中进行设置。

例 3.2：班级网站首页制作

图 3.6　班级网站首页最终效果

(1) 切换至"布局"工具栏，如图 3.7 所示。

图 3.7　切换至"布局"工具栏

(2) 在"首选参数"对话框中，选中"在 AP div 中创建以后嵌套"复选框，如图 3.8 所示。

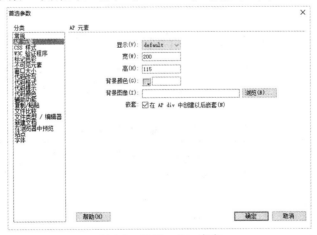

图 3.8　设置 apDiv 嵌套

(3) 创建 apDiv1 作为底层容器，其他的 apDiv 都放置在该容器内，如图 3.9 和图 3.10

所示，每一个 apDiv 的具体设置可参考表 3.1 中提供的数据。

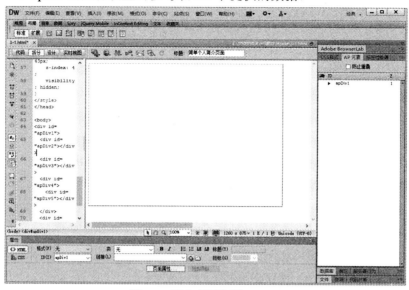

图 3.9　插入底层容器 apDiv1

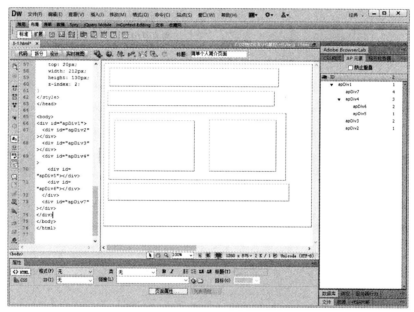

图 3.10　初步完成的 apDiv 布局关系

表 3.1　主要布局 apDiv 参数设置表

默认 id	修改后的 id	左(px)	上(px)	宽(px)	高(px)	背景颜色	Z 轴
apDiv1	Main	0	0	768	600	#000066	1
apDiv2	Banner	0	0	768	140		1
apDiv3	Menu	0	140	768	35	#93A8FF	2
apDiv4	Content	0	175	768	350		3
apDiv5	Right	520	0	237	340	#FFF	1

(续表)

默认 id	修改后的 id	左(px)	上(px)	宽(px)	高(px)	背景颜色	Z 轴
apDiv6	Left	0	0	504	330	#FFF	2
apDiv7	Footer	0	520	755	68		4

(4) 在 id 为 Menu 的层中输入菜单中的各项，将其设置为项目列表，并将每项做成超链接，效果如图 3.11 所示。

(5) 将光标放在菜单项上，单击右键，在弹出的菜单中选择"CSS 样式(C)"然后单击"新建(N)…"选项，如图 3.12 所示。

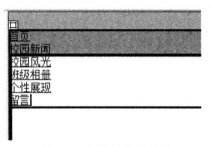

图 3.11　制作导航菜单项　　　　　　　　图 3.12　添加 CSS

(6) 在弹出的对话框中将选择器类型设置为"复合内容(基于选择的内容)"，输入"#menu ul"作为选择器的名称，将规则定义设置为"(仅限该文档)"，如图 3.13 所示，单击"确定"按钮。

(7) 在弹出的对话框中将"类型"的"Line-height(I)"设置为 35px，如图 3.14 所示。将"方框"的"Float(T)"设置为 right，将"Margin"的"Right(G)"设置为 10px，如图 3.15 所示。"列表"中的设置如图 3.16 所示，单击"确定"按钮。

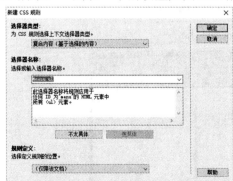

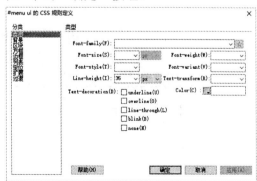

图 3.13　添加样式　　　　　　　　　　　图 3.14　设置行高

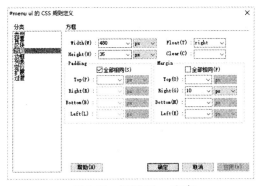

图 3.15　设置 Float 方向

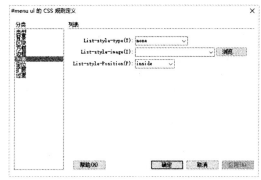

图 3.16　设置列表样式

(8) 使用相同的方法，参照图 3.17～图 3.19 设置"#menu ul li""#menu ul li a"和"#menu ul li a:hover"，完成设置后，导航效果如图 3.20 所示。

图 3.17　设置#menu ul li 的 Float 方向

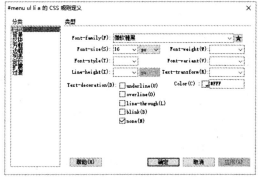

图 3.18　设置#menu ul li a

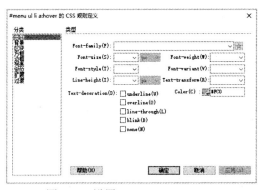

图 3.19　设置#menu ul li a：hover

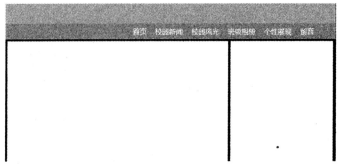

图 3.20　设置完成的导航效果

(9) 在 id 为 banner 的<apviv>中插入图片(文件名为 banner.jpg)，效果如图 3.21 所示。

图 3.21　添加 banner 图片

(10) 在 id 为 left 的 apDiv 中添加三个 apDiv，将其中一个作为容器，用于放置另外两个 apDiv。在以上两个 apDiv 的上方创建另外两个小的 apDiv，用于显示标题，并在相应位置输入相应的文字，将目录部分设置成项目列表，如图 3.22 所示。

(11) 创建 contentlist 类，在新建 CSS 规则时设置"选择器类型"为"类"、选择器名称为"contentlist"，将"选择定义规则的位置"设置为"(仅限该文档)"，如图 3.23 所示，然后单击"确定"按钮。

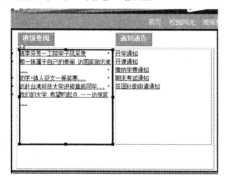
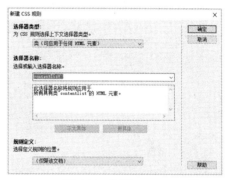

图 3.22　设置内部布局　　　　　　图 3.23　创建 contentlist 类

(12) 在 CSS 规则定义窗口的"类型"分类中设置字体为"宋体"、字体大小为"14px"、行高为"18px"、颜色为"#333"、文字装饰(Text-decoration)为"none"，如图 3.24 所示。在"方框"分类中将"Padding"设置"2px"，将"Margin"设置为"3px"，如图 3.25 所示。在"列表"分类中设置"List-style-type(T)"为"none"，设置"List-style-Position(P)"为"outside"，如图 3.26 所示。

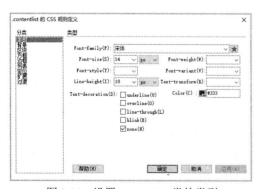
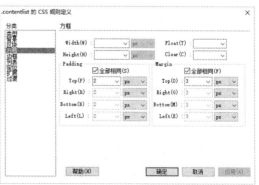

图 3.24　设置 contentlist 类的类型　　　　　图 3.25　设置 contentlist 类的方框

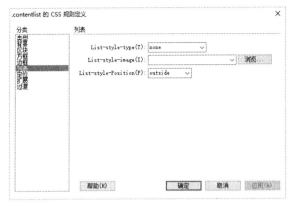

图 3.26　设置 contentlist 类的列表

（13）添加 right_title 类，在"类型"分类中设置字体为"16px"、行高为"25px"、加粗为"bolder"、字体颜色为"#FFF"，如图 3.27 所示。在"背景"分类中设置背景颜色为"#93A8FF"，如图 3.28 所示。

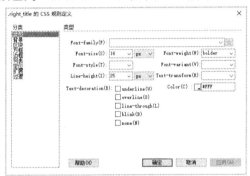

图 3.27　设置 right_title 类的类型

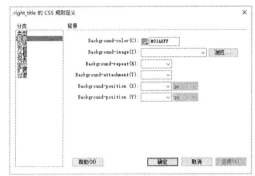

图 3.28　设置 right_title 类的背景

在"区块"分类中设置文字对齐为"center"(居中对齐方式)，如图 3.29 所示。在"方框"分类中设置高度为"25px"，如图 3.30 所示。

图 3.29　设置 right_title 类的对齐方式

图 3.30　设置 right_title 类的高度

（14）选中"班级要闻"和"通知通告"的 apDiv，将其设置为"right_title"。选中下面对应的 apDiv，输入相应文字，并将其设置为"contentlist"，效果如图 3.22 所示。

（15）在 id 为"right"的 apDiv 内添加两个 apDiv，上面的 id 为"album"，并插入图片，下面的 id 为"list"，在其中输入相应文字，将列表文字设置为超链接，效果如图 3.32 所示。

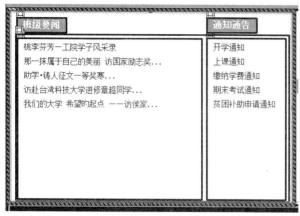

图 3.31　设置后的效果　　　　　　图 3.32　右侧栏目

(16) 为 id 为"album"的 apDiv 创建 CSS 规则，将宽和高分别设置为"205px"和"90px"，将四边的 Padding 和 Margin 分别设置为"5px"和"10px"，如图 3.33 所示。在"边框"分类中设置边框的样式为"solid"、宽度为"1px"、边框颜色为"#096"，如图 3.34 所示。

图 3.33　设置 album 的方框　　　　图 3.34　设置 album 的边框

(17) 设置 id 为"list"的 apDiv 的 CSS 样式规则，将宽和高分别设置为"237px"和"216px"，如图 3.35 所示。

图 3.35　list 的样式设置

（18）设置 right_title 类的 CSS 样式，在"类型"分类中设置字体大小为"16px"、行高为"25px"、加粗为"border"、字体颜色为"#FFF"，如图 3.36 所示。在图 3.37 所示的背景设置中将"背景"分类中将背景色置为"#93A8FF"。在图 3.38 中将对齐方式设置为"center"。在"方框"分类中将高度设置为"25px"，如图 3.39 所示。

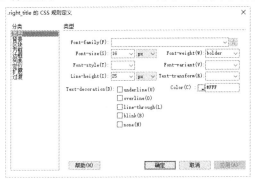

图 3.36　设置 right_title 类的类型

图 3.37　设置 right_title 类的背景

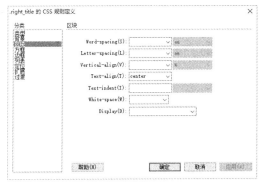

图 3.38　设置 right_title 类的区块

图 3.39　设置 right_title 类的方框

（19）设置 list ul 的 CSS 样式，在"方框"分类中设置 Padding 为"5px"，如图 3.40 所示。在"列表"分类中将"List-style-type(T)"设置为"none"，如图 3.41 所示。

图 3.40　设置 list ul 的方框

图 3.41　设置 list ul 的列表

（20）设置 list ul li 的 CSS 样式，在"方框"分类中设置 Padding 的 Bottom 和 Left 为"4px"和"10px"，设置 Margin 的 Bottom 为"4px"，如图 3.42 所示。在"边框"分类中将 Style 的 Bottom 设置为"dashed"，将宽度设置为"1px"，将颜色设置为"#66666"，如图 3.43 所示。

图 3.42　设置 list ul li 的方框

图 3.43　设置 list ul li 的边框

（21）设置 list ul li a 的 CSS 样式，在"类型"分类中设置字体大小为"12px"、颜色为"#333"，如图 3.44 所示。

图 3.44　设置 list ul li a 的方框

3.2　CSS 的构成

CSS3 的主要内容被划分为模块，主要的 CSS3 模块包括：选择器、框模型、背景和边框、文本效果、2D/3D 转换、动画、多列布局、用户界面等。

3.2.1　CSS 中的模块

在 Dreamweaver 中可以通过图形界面设置 CSS 样式，页中的元素进行修饰，设置的过程实际是将 CSS 样式信息写到 HTML 文件或 CSS 文件中。在上一节的示例中，通过 Dreamweaver 设置的各种样式信息存储在 HTML 文件中，样式如下：

```
<!doctype html>
<html>
<head>
<meta charset="utf-8">
<title>班级网站页面</title>
<style type="text/css">
*{
    margin:0;
    padding:0;
    }
```

```
#main {
    position: absolute;
    width: 768px;
    height: 600px;
    z-index: 1;
    background-color: #000066;
    visibility: visible;
}
……
#banner {
    position: absolute;
    height: 140px;
    z-index: 1;
    overflow: auto;
    width: 768px;
    left: 0;
    top: 0;
    visibility: visible;
}
#apDiv3 {
    position: absolute;
    left: 461px;
    top: 138px;
    width: 44px;
    height: 17px;
    z-index: 3;
}
</style>
</head>
```

可以看到，在 HTML 文件中，CSS 的描述信息存放在<style type="text/css">和</style>标签之间，而<style>标签又必须放置在<head>和</head>标签之间。

CSS 中对各种特征的定义是通过属性和属性值的方式表述的，如"width: 200px;"表示宽度为 200px。在 CSS 中，属性的名字是合法的标识符，它们是 CSS 语法中的关键字。一种属性规定了格式修饰的一个方面。例如：color 是文本的颜色属性，而 text-indent则规定了段落的缩进。属性一般都有属性值，且属性值与属性相对应，如 color 属性值是表示颜色值的数值。属性可以适用于某些元素，或被下一级继承。

上面示例中的 CSS 属性信息仅对该 HTML 文件有效，其他文件不能共享使用。CSS文件用于专门存储 CSS 的属性与属性值，使用属性文件的最大好处在于，可以有多个HTML 文件共用 CSS 文件中的属性设置信息。

例 3.3：在 Dreamweaver 中创建和使用 CSS 文件

(1) 首先创建 HTML 文件，在页面上输入三行文字，如图 3.45 所示。

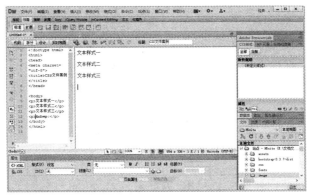

图 3.45 创建 HTML 文件

(2) 在"文件"菜单中选择"新建",打开"新建文档"对话框,选择页面类型为"CSS"以创建 CSS 文档,如图 3.46 所示,将其保存为"3-3.css"并编辑,如图 3.47 和图 3.48 所示。

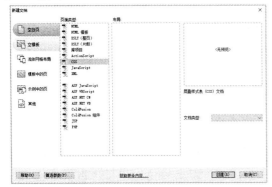

图 3.46 新建 CSS 文件

图 3.47 保存 CSS 文件

图 3.48 编辑 CSS 文件

(3) 返回刚才创建的 HTML 文件,在"CSS 样式"面板中单击"附加样式表"按钮,如图 3.49 所示。在弹出的"链接外部样式表"对话框中通过"浏览"按钮,将刚才创建的"3-3.css"文件选中,添加方式为"链接",如图 3.50 所示。

图 3.49　添加附加样式表　　　　　　图 3.50　选择链接外部样式表文件

(4) 在 HTML 文件中新建 CSS 规则,选择器类型为"类(可应用于任何 HTML 元素)",选择器名称为"titel_class",选择定义规则的位置为"3-3.css",如图 3.51 所示。

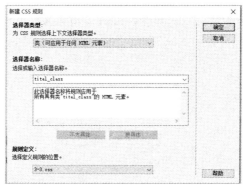

图 3.51　创建类

(5) 在 CSS 规则定义对话框中,在"类型"分类中设置"Font-family(F)"为"微软雅黑"、"Font-size(S)"为"18px"、"Line-height(T)"为"24px"、"Font-weight(V)"为"bolder"、"Color"(C)为"#F00",如图 3.52 所示。

图 3.52　为 titel_class 类设置样式

(6) 使用同样的方法,创建 content_class 和 link_class,具体参数如图 3.53 和图 3.54 所示。

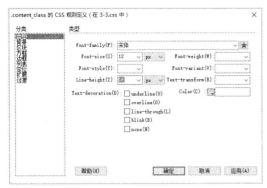

图 3.53　为 content_class 类设置样式

图 3.54　为 link_class 类设置样式

(7) 回到设计视图后，选中"文本样式一"并在"属性"面板的"类"下拉列表框中选中"titel_class"，如图 3.55 所示。设置"文本样式二"为"content_class"，设置"文本样式三"为"link_class"，设置完样式后的效果如图 3.56 所示。

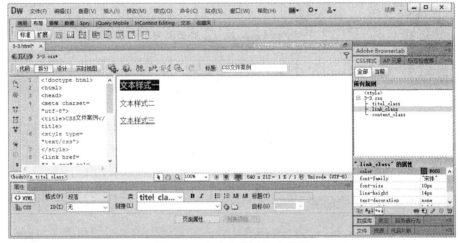

图 3.55　为文字设置相应的类

图 3.56　设置完样式后的效果

最终完成的 3-3.css 文件的内容如图 3.57 所示。

图 3.57　CSS 样式文件的内容

在设计和制作网站的时候，根据需要设计好 CSS 样式文件。在设计和制作网页的时候，直接引用 CSS 样式文件，并且可以对样式进行重叠应用，便于网站风格的整体统一和不同频道的风格变化。

上面的示例通过 Dreamweaver 可视化界面引用和设置 CSS 样式，其实可以通过直接编辑 HTML 代码和 CSS 代码进行网页制作。在 HTML 文件中导入 CSS 样式文件，需要在<head>标签里使用<link>标签引用指定的 CSS 样式文件，代码如下：

```
<link href="3-3.css" rel="stylesheet" type="text/css">
```

href 属性的值为需要链接的 CSS 样式文件，rel 属性表示引用的样式表，type 属性表示被链接的文件为 CSS 文本类型。

上述示例中只用到 Dreamweaver 在 CSS 设置中的部分界面和功能，以下介绍 Dreamweaver 中 CSS 设置界面的其他内容。

(1) "类型" 分类设置对话框

在 "类型" 分类设置对话框中，主要用于设置与文字相关的样式，如图 3.58 所示。

图 3.58　"类型" 分类设置对话框

Font-family：用于设置文本所使用的字体，可以是英文字体，也可以是中文字体。通常可以设置成字体列表，如"仿宋；宋体"，当第一种字体在客户端不存在时，会寻找后面的字体作为在浏览器中显示的字体。因此，在该字体列表中，会尽量选取显示效果接近的字体。

Font-size：用于设置字体大小，默认以 px 为字体大小的单位，也可以采用 pt、in、cm、mm 等设置大小。可以通过 xx-small、x-small、small、medium、large、x-large、xx-large 等固定值设置字体大小，还可以用%、smaller、larger 等把字体大小设置为父元素字体的相对值。

Font-style：用于设置使用斜体、倾斜或正常字体。斜体字体通常定义为字体系列中一个单独的字体。其中 normal 为标准的字体样式(默认值)，italic 为斜体的字体样式，oblique 为倾斜的字体样式，inherit 为从父元素继承的字体样式。

Font-weight：用于设置文本的粗细。可以用 normal(默认值)定义标准的字符，用 bold 定义粗体字符，用 bolder 定义更粗的字符，用 lighter 定义更细的字符。也可以用数字定义 100 至 900，其中数字 400 等价于 normal，700 等价于 bold。

Font-variant：用于设置小型大写字母的字体显示文本，换言之，所有的小写字母均会被转换为大写，但是所有使用小型大写字体的字母与其余文本相比，其字体尺寸更小。此属性只针对英文有效，对中文无效。

Line-height：用于设置行间的距离，也叫行高。可以通过数值设定行高的具体数值，如 24px；也可以采用%设置为标准行高的相对高度，如 150%对应于 1.5 倍行距。

Text-transform：用于控制文本的大小写，也仅对英文有效，对中文无效。

Text-decoration：用于设置文本的装饰效果。none 为默认值，定义标准的文本，underline 定义文本下的一条线，overline 定义文本上的一条线，line-through 定义穿过文本的一条线，blink 定义闪烁的文本。

Color：用于设置文本颜色，通常采用十六进制数表示颜色，如#FF0000。

(2) "背景"分类设置对话框

在"背景"分类设置对话框中，主要设置页面背景或 div 背景信息，如图 3.59 所示。

Background-color：设置背景颜色，用法与 Color 属性一致。

Background-image：用于设置背景图像，默认是"none"，即没有背景图片。如果需要添加背景图片，可以通过右侧的"浏览"按钮添加背景图片信息。

Background-repeat：用于定义背景图片的排列方式，此属性必须在添加背景图片以后才会对背景图片产生影响。Background-repeat 属性有四个值，当值为 repeat 时，背景图片会在区域(可能是整个页面，也可能是一个区域，根据实际定义的对象而定)内平铺填充，形成类似地砖的效果；no-repeat 表示不重复排列，只显示一张背景图片；repeat-x 表示图片只沿横向铺排，repeat-y 表示图片只沿纵向铺排。

Background-attachment：用于设置背景图片的位置是否固定，当值为"fixed"时，表示背景图片为固定；当值为"scroll"时，表示背景图片随着页面的滚动一起滚动。

Background-position：有两个属性(X 和 Y)，用于定义背景图片的位置，X 的取值可以是 left、right 和 center，Y 的取值可以是 top、center 和 bottom，这两个属性也可以直接定义具体的坐标值。

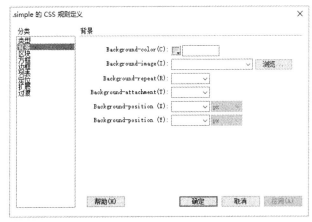

图 3.59　"背景"分类设置对话框

(3)　"区块"分类设置对话框

该对话框里的属性主要用于设置区块内文字的对齐排列特性，如图 3.60 所示。

Word-spacing：用于定义单词之间的间距。

Letter-spacing：用于定义字母之间的间距。

Vertical-align：用于纵向对齐方式，该属性可取的值较多。

Text-align：用于定义水平方向对齐方式，left、right、center 和 justify 分别表示左对齐、右对齐、居中对齐和两端对齐。

Text-indent：用于定义文本缩进位置。

White-space：用于定义文本内空白区域的处理方式，默认状态下同 HTML 一样会忽略空格或空行。

Display：用于定义建立布局时元素生成的显示框类型。此属性可取的值较多，但常用值主要是 none、block、inline 和 inline-block(参见表 3.2)，在 CSS3 版本中还有 flex，此属性将在后面介绍。

表 3.2　Display 属性的常用值

属性值	说　　明
none	此元素不会被显示
block	此元素将显示为块级元素，此元素前后会带有换行符
inline	默认。此元素会被显示为内联元素，元素前后没有换行符
inline-block	行内块元素

Display 属性本质上用于设置元素为内联元素还是块级元素，内联元素的特点是：该元素和其他元素都在一行上，元素的高度、宽度及顶部和底部边距不可设置；元素的宽度就是它包含的文字或图片的宽度，不可改变。内联元素主要有<a>、<span>、
、<i>、<em>、<strong>、<label>、<q>、<var>、<cite>、<code>等。

块级元素的特点是：每个块级元素都从新的一行开始，并且其后的元素也另起一行，元素的高度、宽度、行高以及顶边距和底边距都可设置；元素宽度在不设置的情况下，将会继承其父容器的宽度。常用的块状元素有<div>、<p>、<h1><h6>、<ol>、<ul>、<dl>、<table>、<address>、<blockquote>、<form>等。

图 3.60 "区块"分类设置对话框

(4) "方框"分类设置对话框

主要针对块级元素设置其宽度、高度、元素浮动特性、内外间距等，如图 3.61 所示。

Width：用于设置元素的宽度。

Height：用于设置元素的高度。

Float：用于设置元素的浮动。Float 属性定义元素在哪个方向浮动；left 表示元素向左浮动；right 表示元素向右浮动；none 为默认值，元素不浮动，并且会显示其在文本中出现的位置；inherit 规定从父元素继承 float 属性的值。

Clear：用于指定在段落的左侧或右侧不允许浮动的元素。可取值为：left 表示在左侧不允许浮动元素；right 表示在右侧不允许浮动元素；both 表示在左右两侧均不允许浮动元素；none 为默认值，允许浮动元素出现在两侧。

Padding：用于指定元素的内部间距。

Margin：用于指定元素的外部边距。

在定义 Padding 和 Margin 时，这两个属性都具有四个方向，因此可以单独定义其中任何一个方向的间距。

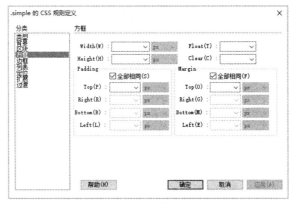

图 3.61 "方框"分类设置对话框

(5) "边框"分类设置对话框

在"边框"分类设置对话框(如图 3.62 所示)中可以设置元素边框的样式、粗细和颜色。

Style：定义边框的样式，默认为 none，表示没有边框。常用的属性值有 dotted(点状边框，在有些浏览器中可能显示为实线)、dashed(虚线)、solid(实线)和 double(双线)。

Width：用于定义边框的宽度，对于边框的宽度，可以采用 thin、medium、thick 来定义宽度，也可以直接用数值定义。

Color：定义边框的颜色。

在定义边框时，可以一次性定义四条边的参数，也可以只定义其中部分边。Top 为顶部的边，Right 为右侧的边，Bottom 为底部的边，Left 为左侧的边。

图 3.62　"边框"分类设置对话框

(6) "列表"分类设置对话框

"列表"分类设置对话框(如图 3.63 所示)用于定义和设置与列表(项目列表和编号列表)相关的特征。

List-style-type：用于设置列表项标记的类型。该属性的默认值是 disc，实际显示为实心圆，none 为无标记，circle 为空心圆标记，square 为实心方块，decimal 为数字等。除了这些常用样式，还可以设置为以英文字母、罗马数字或希腊字母等为标记的样式。

List-style-Position：用于设置在何处放置列表项标记。默认值为 outside，表示保持标记位于文本的左侧，将列表项标记放置在文本以外，且环绕的文本不根据标记对齐。当值为 inside 时，将列表项标记放置在文本以内，且环绕的文本根据标记对齐。

List-style-image：用于设置使用图像来替换列表项标记，其值为图像的 URL。

图 3.63　"列表"分类设置对话框

（7）"定位"分类设置对话框

"定位"分类设置对话框(如图 3.64 所示)主要用于定义元素的位置，在该对话框中有些属性与"方框"分类设置对话框中的参数相同(如 Width 和 Height)。

Position：用于定义元素的定位类型。该属性有四个值：static 为默认值，即没有定位，元素出现在正常的流中，静态定位的元素不会受到 top、bottom、left、right 的影响；fixed 定义元素的位置相对于浏览器窗口是固定位置，即使窗口是滚动的，也不会移动；relative 定义相对定位的元素，其定位是相对其正常位置；absolute 用于定义绝对定位的元素，其位置相对于最近的已定位父元素，如果元素没有已定位的父元素，那么它的位置相对于<html>。

Visibility：用于指定一个元素是否可见，值为 visible 时表示可见，值为 hidden 时表示不可见。即便设置为不见时，元素也会占据页面上的空间。

Z-Index：用于指定元素的堆叠顺序，数值小的排在下面，数值大的排在上面。

Overflow：用于指定内容溢出元素区域时的处理方式。当值为 visible(默认值)时内容不会被修剪，内容会溢出到元素区域之外。当值为 hidden 时，内容会被修剪，并且不会显示。当值为 scroll 时，内容会被修剪，并且可以通过滚动条查看其余的内容；当值为 auto 时，如果内容被修剪，浏览器会显示滚动条以便查看其余的内容。

Clip：用于指定图像被剪裁的方式，如果图像大于包含它的元素，根据设置的 Top、left、Bottom 和 Right 的值进行修剪。如果 Overflow 已经设置为 visible，Clip 属性不起作用。

Top、left、Bottom 和 Right 四个属性用于设置元素的位置，如果 Position 属性的值为 static，Top 等属性不会产生任何效果。

（8）"扩展"分类设置对话框

"扩展"分类设置对话框(如图 3.65 所示)主要用于分页行为和鼠标的视觉效果等，一般使用较少。

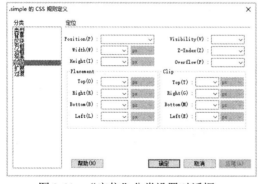

图 3.64　"定位"分类设置对话框　　　　　　图 3.65　"扩展"分类设置对话框

（9）"过渡"分类设置对话框

"过渡"分类设置对话框(如图 3.66 所示)主要用于设置 CSS 动画效果。

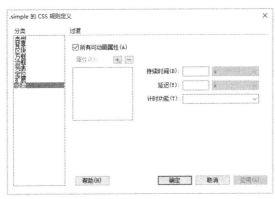

图 3.66　"过渡"分类设置对话框

3.2.2　CSS 选择器

在 CSS 以前的版本中就已经有选择器的概念，选择器是一种模式，用于选择需要添加样式的元素。

1. class

class 也叫伪类，是最为常用的一种选择器。通常，伪类通过定义各种样式后，在 HTML 的元素中引用伪类，就可以将定义好的样式赋给任何一个引用伪类的元素。假如定义了一个名为"b_title"的伪类，那么在元素中引用的时候可以这样使用：

```
<p class="b_title">，<div class="b_title">
```

2. #id

选择所有以某个 id 命名的元素，当对这个 id 设置了一种样式后，在页面上所有以这个 id 命名的元素都会按照该样式显示。假如已经为 id 为"page_x"的元素定义了一种样式，相应地，页面上所有 id=" page_x "的元素都会显示相同的样式。

3. 元素

CSS 可以针对 HTML 元素进行设置，相应页面中所有该元素的样式都会发生变化。假如将<p>元素的字体颜色设置为红色，那么对应页面上所有<p>标记中的字体都会默认为红色。

元素的选择较为复杂，除了对单一元素可以进行选择以外，还可以对多个元素或具有父子关系的元素进行选择。

div,p：表示选择所有<div>元素和<p>元素。

div p：表示选择<div>元素内部的所有<p>元素。

div>p：表示选择父元素为<div>元素的所有<p>元素。

div+p：表示选择紧跟在<div>元素之后的所有<p>元素。

4. 属性

属性也是 CSS 中常用的选择依据，不仅可以根据属性的名称选择，还可以根据属性

和属性值选择，如[target]表示选择带有 target 属性的所有元素；[target=_blank]表示选择 target="_blank"的所有元素；[title=flower]表示选择 title 属性包含单词"flower"的所有元素；[lang|=en]表示选择 lang 属性值以"en"开头的所有元素。

5. 超链接

超链接作为 HTML 中最为重要的元素，也可以进行特定的选择。a:link 表示选择所有未被访问的链接；a:visited 表示选择所有已被访问的链接；a:active 表示选择活动链接；a:hover 表示选择光标位于其上的链接。

3.2.3　盒模型

1. 传统盒模型

在 CSS 中，"盒模型"用于在 HTML 中进行设计和布局，可以应用于所有 HTML 元素。CSS 盒模型可以理解为将 HTML 元素分层包围起来，从内到外分别为：HTML 实际内容(Content)、填充(Padding)、边框(Border)和边距(Margin)。盒模型允许我们在其他元素和周围元素边框之间放置元素。图 3.67 显示了盒模型(Box Model)的结构。

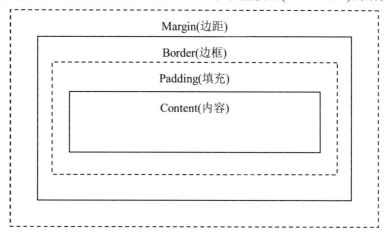

图 3.67　传统盒模型示意图

Margin 是盒子的最外层边距，也被称作外边距，可以清除边框外的区域，外边距是透明的。

Border 是盒子的边框，围绕在内边距和内容外的边框往往可以被设置为不同的样式和颜色，用于和其他区域进行区别。

Padding 是盒子的填充，也叫内边距，可以清除内容周围的区域，内边距也是透明的。

Content 是盒子的内容区域，用于显示文本和图像等。

值得注意的是，在实际应用过程中存在两种 CSS 盒模型，上面介绍的盒模型被称为标准 CSS 盒模型，它是由 W3C 定义的盒模型。还有一种被称为 IE 盒模型，这两种盒模型存在一定差异。

W3C 盒模型的范围包括 Margin、Border、Padding、Content，并且 Content 部分不包含其他部分。虽然 IE 盒模型的范围也包括 Margin、Border、Padding、Content，但与

标准 W3C 盒模型不同的是：IE 盒模型的 Content 部分包含了 Border 和 Padding 部分。

在 CSS3 中，可以通过属性 box-sizing 设置盒模型为 W3C 盒模型或 IE 盒模型。当设置为 box-sizing:content-box 时，将采用 W3C 盒模型模式解析计算，也是默认模式；当设置为 box-sizing:border-box 时，将采用 IE 盒模型模式解析计算。

由于 W3C 盒模型的兼容性更好，因此目前大多数网页布局都采用该模型，本书主要讲解该模型。

可采用两种方式定义 CSS 盒子。

方式一：采用 Dreamweaver 可视化方法创建

(1) 在页面中插入<div>标签，在"类"中输入 box，如图 3.68 所示。接着单击"新建 CSS 规律"按钮，弹出"新建 CSS 规则"对话框，如图 3.69 所示。

(2) 在"新建 CSS 规则"对话框中，将规则定义选择为"(仅限该文档)"，如图 3.69 所示。

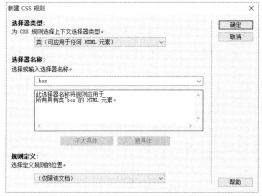

图 3.68　插入<div>标签　　　　　　　图 3.69　创建 box 类

(3) 在弹出的 CSS 规则定义对话框的"方框"分类中进行设置，具体参数如图 3.70 所示。

(4) 在弹出的 CSS 规则定义对话框的"边框"分类中进行设置，具体参数如图 3.71 所示。

图 3.70　设置方框数据　　　　　　　图 3.71　设置边框样式

(5) 在 Dreamweaver 中的预览效果如图 3.72 所示，外部的阴影区域为边界，内部的阴影区域为内部填充，中间的黑色区域是边框。

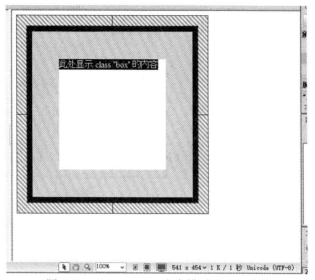

图 3.72　Dreamweaver 中盒模型的示意效果

方式二：代码编写

(1) 在</title>标签后添加如下代码：

```
<style type="text/css">
.box {
        margin: 20px;
        padding: 50px;
        height: 200px;
        width: 200px;
        border: 10px solid #000;
}
</style>
```

(2) 在<body>标签后添加一对<div>标签，设置该 Div 为 box 类，代码如下：

```
<div class="box">W3C 盒模型</div>
```

3.3　本章小结

本章介绍了 CSS 的基本概念，以及在 Dreamweaver 中使用 CSS 的方法；重点介绍了 CSS 样式设置对布局和文本、图片样式的应用效果，讨论了 CSS 盒模型的概念与应用，通过示例以及综合案例将样式表的设置和使用方法渗透其中，便于学习和掌握。

3.4 课后训练

1. 仿照班级网站首页的设计样式，设计完成新闻页面，参照图 3.73。

图 3.73 新闻页面

2. 学生自行收集素材，设计完成自选题目的网站。

第4章　CSS进阶

4.1　CSS 弹性盒模型

CSS 在 2.1 版本中提出了盒模型的概念，即上一章讲述的标准盒模型。在标准盒模型布局中，元素的基本特征被高度概括，因此更加便于设计和布局页面。在 CSS3 中，标准盒模型被进一步扩展为弹性盒模型。采用弹性盒模型进行布局，可以更为有效地对容器中的条目进行排列、对齐和空白的分配，某种程度上更像图形编辑软件中的一些元素自动布局特征。

4.1.1　CSS3 弹性盒模型

随着移动设备的普及，响应式用户界面越来越流行。具有响应式用户界面的 Web 应用能够适配不同的设备尺寸和浏览器分辨率，提高用户的体验。响应式用户界面设计中的布局与传统 Web 界面中的布局存在一定的差别，其设计难度和复杂度也相对较高。

CSS3 规范引入了新的布局模型：弹性盒模型(flex box)，用于解决响应式用户界面设计中的难题。通过弹性盒模型能够将复杂布局的需求变得简单化，设计或开发人员只需要实现其布局应该具有的行为即可，布局的具体实现方式则由浏览器负责完成。目前弹性盒模型在主流浏览器中都得到了支持。

弹性盒模型布局与方向无关，这与传统布局方式中的设置不同。在 CSS 的传统布局中，block 布局是把块在垂直方向从上到下依次排列，而 inline 布局则是在水平方向排列。弹性盒模型布局并没有这样内在的方向限制，可以由开发或设计人员自由操作。

弹性盒模型中的弹性盒子由弹性容器(flex container)和弹性子元素(flex item)组成。弹性容器通过设置 display 属性的值为 flex 或 inline-flex，将其定义为弹性容器。在弹性容器内部，可以添加一个或多个弹性子元素以进行布局。

1. 常用属性

弹性盒子的属性较多，在使用的时候也需要组合起来才能达到好的布局效果，常用属性如表 4.1 所示。

表 4.1　弹性盒子的常用属性

属　　　性	描　　　　　述
display	指定盒子类型
flex-direction	指定弹性容器中子元素的排列方式
justify-content	设置弹性盒子元素在主轴(横轴)方向上的对齐方式

(续表)

属　　性	描　　述
align-items	设置弹性盒子元素在侧轴(纵轴)方向上的对齐方式
flex-wrap	设置弹性盒子的子元素超出父容器时是否换行
align-content	修改 flex-wrap 属性的行为，类似于 align-items，但不是设置子元素对齐，而是设置行对齐
flex-flow	Flex-direction 和 flex-wrap 的简写
order	设置弹性盒子的子元素排列顺序
align-self	在弹性子元素上使用，覆盖弹性容器的 align-items 属性
flex	设置弹性盒子的子元素如何分配空间

1. display 属性

该属性是最为常用的属性，用于定义盒子的类型。如果需要使用弹性盒子，需要将其设置为-webkit-flex。定义弹性盒子的基本设置如下：

```
.flex-container {
    display: -webkit-flex;
    width: 400px;
    height: 300px;
}
```

2. flex-direction 属性

该属性指定弹性容器中子元素的排列方式，flex-direction 的可取值有：row 表示横向从左到右排列(左对齐)，也是默认的排列方式；row-reverse 表示反转横向排列(右对齐)，从后往前排，最后一项排在最前面；column 表示纵向排列；column-reverse 表示反转纵向排列，从后往前排，最后一项排在最上面，如图 4.1 所示。

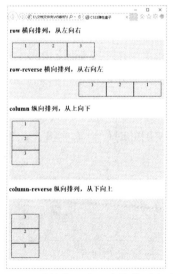

图 4.1　弹性盒子中元素的排列方式

（1）为了实现以上效果，首先要在 box 类中定义 display 属性为 flex，实现弹性盒子。在代码中为了兼容不同浏览器，对 display 属性采用了多值定义方式。

```
.box{
    display:-webkit-flex;
    display:flex;
    margin:0;
    padding:10px;
    list-style:none;
    background-color:#eee;
}
```

（2）将 box 类中的 li 元素定义为弹性盒子中需要排列的元素。

```
.box li{
    width:100px;
    height:50px;border:
    1px solid #000;
    text-align:center;
}
```

（3）在 id 为 box 的 Div 中，元素排列方式为 row，即从左向右横向排列。box2 的排列方式为 row-reverse，即从右向左横向排列；box3 为 column，即纵向排列。完整代码如下：

```
<!DOCTYPE html>
<html>
<head>
<meta charset="utf-8">
<title>CSS3 弹性盒子</title>
<style>
.box{
    display:-webkit-flex;
    display:flex;
    margin:0;
    padding:10px;
    list-style:none;
    background-color:#eee;
}
.box li{
    width:100px;
    height:50px;border:
    1px solid #000;
    text-align:center;
}
```

```
#box{
    -webkit-flex-direction:row;
    flex-direction:row;
}
#box2{
    -webkit-flex-direction:row-reverse;
    flex-direction:row-reverse;
}
#box3{
    height:200px;
    -webkit-flex-direction:column;
    flex-direction:column;
}
#box4{
    height:200px;
    -webkit-flex-direction:column-reverse;
    flex-direction:column-reverse;
}
</style>
</head>
<body>
<h2>row 横向排列，从左向右</h2>
<ul id="box" class="box">
    <li>1</li>
    <li>2</li>
    <li>3</li>
</ul>
<h2>row-reverse 横向排列，从右向左</h2>
<ul id="box2" class="box">
    <li>1</li>
    <li>2</li>
    <li>3</li>
</ul>
<h2>column 纵向排列，从上向下</h2>
<ul id="box3" class="box">
    <li>1</li>
    <li>2</li>
    <li>3</li>
</ul>
<h2>column-reverse 纵向排列，从下向上</h2>
<ul id="box4" class="box">
    <li>1</li>
    <li>2</li>
    <li>3</li>
```

```
</ul>
</body>
</html>
```

3. justify-content 和 align-items 属性

justify-content 属性用于设置弹性盒子中的元素沿着主轴(横轴)方向对齐，align-items 属性则用于设置为沿侧轴(纵轴)方向对齐。这两个属性的值相似，名称完全一样，只是排列对齐的方向不同而已。

flex-start 在 justify-content 属性中表示弹性盒子元素靠近左边对齐，其他的弹性盒子元素依次向右平齐摆放。align-items 属性中的 lex-start 表示弹性盒子元素向上对齐。

flex-end 在 justify-content 属性中表示弹性盒子元素向行尾紧挨填充，也就是靠近右边对齐。其他弹性盒子元素依次平齐摆放。align-items 属性中的 lex-end 表示弹性盒子元素向下对齐。

center 表示弹性盒子元素居中紧挨着填充或放置。

justify-content 属性的 space-between 和 space-around 值都是将弹性盒子元素平均分布在一行上，但前者的弹性盒子元素在平均分布时，通常两边的弹性盒子元素会紧靠两侧；后者则两边留有一半的间隔空间。

space-between 与 space-around 的区别如图 4.2 所示。

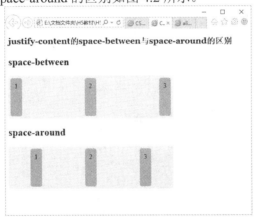

图 4.2　space-between 与 space-around 的区别

完整代码如下：

```
<!DOCTYPE html>
<html lang="zh-cmn-Hans">
<head>
<meta charset="utf-8" />
<title>CSS3 弹性盒子</title>
<style>
h1{font:bold 20px/1.5 georgia,simsun,sans-serif;}
.box{
    display:-webkit-flex;
```

```
        display:flex;
        width:400px;
        height:100px;
        margin:0;
        padding:0;
        border-radius:5px;
        list-style:none;
        background-color:#eee;
    }
    .box li{
        margin:5px;
        padding:10px;
        border-radius:5px;
        background:#aaa;
        text-align:center;
    }
    #boxb{
        -webkit-justify-content:space-between;
        justify-content:space-between;
    }
    #boxa{
        -webkit-justify-content:space-around;
        justify-content:space-around;
    }
    </style>
    </head>
    <body>
    <h1>justify-content 的 space-between 与 space-around 的区别</h1>
    <h2>space-between</h2>
    <ul id="boxb" class="box">
        <li>1</li>
        <li>2</li>
        <li>3</li>
    </ul>
    <h2>space-around</h2>
    <ul id="boxa" class="box">
        <li>1</li>
        <li>2</li>
        <li>3</li>
    </ul>
    </body>
    </html>
```

4. flex-wrap 属性

该属性用于设置弹性盒子的子元素超出父容器时是否换行。默认情况下为 nowrap，即不换行，如果子元素超过父容器，可能会溢出容器。当设置为 wrap 时，弹性容器为多行，这种情况下弹性子元素溢出的部分会被放置到新行，子元素内部会发生断行。当取值为 wrap-reverse 时，表示反转 wrap 排列。

5. align-content 属性

该属性用于修改 flex-wrap 属性的行为，类似 align-items，但不是设置子元素对齐，而是设置行对齐。stretch 为默认值，各行将会伸展以占用剩余的空间。flex-start、flex-end、center、space-between、space-around 等值与 align-items 属性的对应值类似，只是对齐对象为行。

6. 用于子元素的属性

order 属性：用于设置弹性盒子的子元素排列顺序，可以用 order 属性，用整数值来定义排列顺序，数值小的排在前面，该属性也可以为负值。

align-self 属性：用于在子元素上使用，可以覆盖容器的 align-items 属性。

flex 属性：用于设置弹性盒子的子元素如何分配空间。

4.1.2 背景和边框

CSS3 在背景和边框方面有所加强，尤其是对边框方面的提高，减少了很多原来需要通过图片来实现的效果。

1. 背景

在 CSS3 的新特性中，可以为背景设置多张图片，不同的背景图片之间用逗号隔开，所有图片中显示在顶端的为第一张，也可以给不同的图片设置多个不同的属性。

background-image 属性用于设置背景图片，background-position 属性用于设置位置，background-repeat 属性用于设置重复排列方式。

下面为<div>标签设置两张不同图片背景。

HTML 代码如下：

```
<div id="bg_ex">
<h1>CSS3 背景图片设置</h1>
<p>两张背景图片</p>
<p>设置为不同的排列方式</p>
<p>-</p>
……
</div>
```

CSS 设置如下：

```
<style type="text/css">
#bg_ex{
```

```
        background-image: url(images/teacup.jpg),url(images/tea01.jpg);
        background-position: right bottom, left top;
        background-repeat: no-repeat, repeat;
    }
</style>
```

预览效果如图 4.3 所示，在 CSS 的 background-image 属性设置中，用到了两个 URL 来指定不同的图片。在 background-position 属性中将第一张背景图片的位置设置在右边底部，将第二张背景图片设置在左上方，在 background-repeat 属性中，将前一张图片设置为不重复排列，将第二张设置为重复排列。

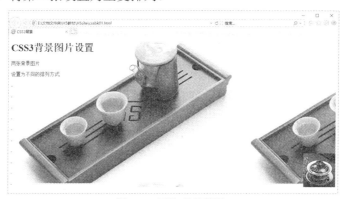

图 4.3　两张背景图片

以上例子还有如下简略定义方法：

```
background: url(images/teacup.jpg) right bottom no-repeat,url(images/tea01.jpg) left top repeat;
```

background-size 属性用于设定背景图片的大小。在 CSS3 以前，背景图片的大小由图片的实际大小决定。在 CSS3 中可以通过指定像素或百分比大小在不同的环境中指定背景图片的大小。当指定 background-size:100% 100%时，背景图片将被拉伸填充相应的内容区域。

CSS3 的 background-Origin 属性用于指定背景图片的位置区域，可以设置为 content-box、padding-box 和 border-box 区域，在每个区域内都可以放置背景图片，但位置效果却不同，如图 4.4 所示。

HTML 代码如下：

```
<p>背景图像边界框的相对位置：</p>
<div id="borderbox">
    <p>background-origin    设    置    为    border-box-----background-origin    设    置    为
border-box----background-origin    设    置    为    border-box-----background-origin    设    置    为
border-box-----background-origin    设    置    为    border-box-----background-origin    设    置    为
border-box-----background-origin 设置为 border-box </p>
    </div>
<p>背景图像的相对位置的内容框：</p>
<div id="contentbox">
```

background-origin 设置为 content-box-----background-origin 设置为 content-box-----background-origin 设置为 content-box-----background-origin 设置为 content-box-----background-origin 设置为 content-box-----background-origin 设置为 content-box-----background-origin 设置为 content-box
    </div>

CSS 设置如下：

```
<style>
div
{
    border:1px solid black;
    padding:35px;
    background-image:url('images/teacup.jpg');
    background-repeat:no-repeat;
    background-position:left;
}
#borderbox
{
    background-origin:border-box;
}
#contentbox
{
    background-origin:content-box;
}
</style>
```

图 4.4　背景图片的位置

2. 边框

在 CSS3 中可以创建更多样式的边框，如圆角边框、阴影框等，主要涉及的边框属性有 border-radius 和 box-shadow 等。

在 CSS3 之前，圆角效果往往需要使用多张图片作为背景图案。CSS3 提供的圆角由浏览器直接渲染，不需要图片的支持，因此减少了维护的工作量，提高了网页性能。

border-radius(border-top-left-radius、border-top-right-radius、border-bottom-right-radius、border-bottom-left-radius)属性用于设置圆角，如果四个圆角统一采用 border-radius，其后可以跟一到四个值。

如果只设置一个值，表示四个圆角都使用这个值：

```
border-radius:10px;
```

如果设置四个值，则分别对应左上角、右上角、右下角、左下角(顺时针顺序)：

```
border-radius:10px,5px, 10px,5px;
```

如果设置两个值，则表示左上角和右下角使用第一个值，右上角和左下角使用第二个值。如果设置三个值，则表示左上角使用第一个值，右上角和左下角使用第二个值，右下角使用第三个值。

border-top-left-radius、border-top-right-radius、border-bottom-right-radius、border-bottom-left-radius 这四个属性恰好对应四个圆角，可以通过这四个属性逐一设置对应的角。如果属性值为一个，则圆角的水平半径和垂直半径都为该值。如果需要将一个圆角的两边设置为不同半径，则可以在该属性后设置两个不同半径。

设置水平半径和垂直半径一致的圆角：

```
border-top-left-radius: 20px;
```

设置水平半径和垂直半径不一致的圆角，效果如图 4.5 所示。

```
border-top-left-radius: 10px 20px;
```

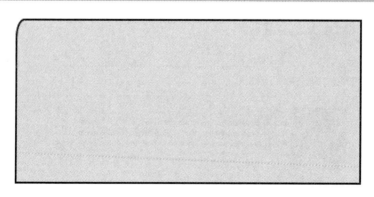

图 4.5　边框圆角

下面的设置更为复杂，每一个圆角的两个半径都不同，效果如图 4.6 所示。

```
border-top-left-radius: 20px    5px;
border-top-right-radius: 10px 30px;
border-bottom-right-radius: 40px 5px;
border-bottom-left-radius: 10px 30px;
```

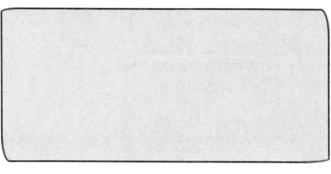

图 4.6　不同半径的边框圆角

以上情况也可以用 border-radius 表示：

```
border-radius: 20px  10px  40px  5px/5px  30px;
```

box-shadow 属性用于设置阴影，有四个值，前两个为沿 x 和 y 方向的偏移量，第三个为虚化值，最后一个为阴影的颜色。

例 4.1：制作圆角边框和阴影边框

(1) 在<body>标签内添加两对<div>标签，并分别命名 id——"radiusbox"为显示圆角，"shadowbox"为显示阴影，如下所示：

```
<div id="radiusbox">
</div>
<p></p>
<div id="shadowbox">
</div>
```

(2) 在<style>中添加样式设置，对<div>统一设置边框的线条和颜色等。

```
div
{
    border:2px solid black;
    padding:10px 40px;
    background:#dddddd;
    height:150px;
    width:300px;
}
```

(3) 为两个 id 对应的 Div 设置不同的样式，一个为圆角(半径 25px)，另一个为阴影(x 和 y 方向的偏移为 10px，模糊程度为 5px，颜色为#888888)，预览效果如图 4.7 所示。

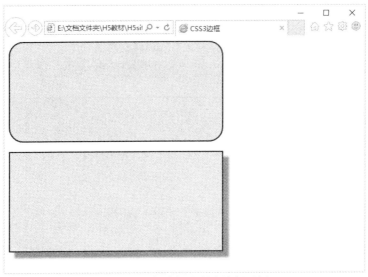

图 4.7 圆角边框和阴影边框示例

圆角效果不仅可以在<div>上实现,使用 border-radius 属性可以给任何元素制作圆角。

4.1.3 文字特效

CSS3 除了支持 CSS2 中原有的文字样式设置外,还提供了一些新的样式设置,尤其是文本效果方面比以往更加丰富。CSS3 中包含几个新的文本属性:text-shadow、box-shadow、text-overflow、word-wrap、word-break 等。

1. 文本阴影

text-shadow 属性用于给文本产生阴影,该属性有四个值,分别用于设置水平阴影距离、垂直阴影距离、模糊距离以及阴影的颜色,从而产生不同效果的阴影。

下面的示例为一级标题产生阴影效果,如图 4.8 所示。

```
<!doctype html>
<html>
<head>
<meta charset="utf-8">
<title>CSS3 文本</title>
  <style>
h1 { text-shadow: 5px 5px 5px #FF0000; }
</style>
</head>
<body>
<h1>这是标题 1 的阴影效果! </h1>
</body>
</html>
```

图 4.8 文字阴影

2. 文本的排列

文本的排列特性在网页制作过程中是影响浏览效果的一个重要因素，因此掌握文本在容器内的排列、换行等特性是保证文字内容正确显示的必要手段。在 CSS3 中与文本排列相关的属性有：text-overflow 属性用于定义文本溢出时的处理方式，word-wrap 属性用于定义文本的换行。

text-overflow 属性有三个可取值：clip、ellipsis 和 string。clip 表示对文本进行修剪；ellipsis 表示显示省略号以代表被修剪的文本；string 为某个给定字符串，用该字符串代替被修剪的文本内容，该值只在部分浏览器中有效。

例 4.2：文本修剪效果

完整代码如下：

```
<!doctype html>
<html>
<head>
<meta charset="utf-8">
<title>CSS3 边框</title>
<style>
div.overflow
{
    white-space:nowrap;
    width:12em;
    overflow:hidden;
    border:1px solid #000000;
}
</style>
</head>
<body>
<p>以下 div 容器内的文本无法完全显示，可以看到它被裁剪了。</p>
<p>div 使用 &quot;text-overflow:ellipsis&quot;;</p>
```

```
    <div class="overflow" style="text-overflow:ellipsis;">text-overflow 属性可以有三个可取值：clip、
ellipsis 和 string。clip 表示对文本进行修剪；ellipsis 表示显示省略号以代表被修剪的文本；string 为某个
给定字符串，用该字符串代替被修剪的文本内容。</div>
    <p>div 使用 &quot;text-overflow:clip&quot;:</p>
    <div class="overflow" style="text-overflow:clip;">text-overflow 属性可以有三个可取值：clip、ellipsis
和 string。clip 表示对文本进行修剪；ellipsis 表示显示省略号以代表被修剪的文本；string 为某个给定字
符串，用该字符串代替被修剪的文本内容。</div>
    </body>
    </html>
```

预览效果如图 4.9 所示。

图 4.9　文本裁剪

对于英文内容，如果排在行末的单词较长，可能会扩展到内容区域的外面，此时可以使用自动换行属性强制换行。word-wrap 属性可以用于完成此项任务，有两个可取值：normal 和 break-word。normal 只在允许的断字点换行(浏览器保持默认处理)，break-word 在长单词或 URL 地址内部进行换行。

例 4.3： 文本换行

代码如下：

```
<!doctype html>
<html>
<head>
<meta charset="utf-8">
<title>CSS3 文本</title>
<style>
p.breakword
{
    width:11em;
    border:1px solid #000000;
    word-wrap:break-word;
}
p.normalword
{
    width:11em;
```

```
        border:1px solid #000000;
        word-wrap:normal;
    }
</style>
</head>
<body>
<p class="breakword">对于英文内容，如果排在行末的单词较长，可能出现会扩展到内容区域的外
面，此时可以使用自动换行属性强制换行。https://secure.iherb.com/tr/carrierTracking?orderNumber</p>
<p class="normalword">对于英文内容，如果排在行末的单词较长，可能出现会扩展到内容区域的
外面，此时可以使用自动换行属性强制换行。https://secure.iherb.com/tr/carrierTracking?orderNumber</p>
</body>
</html>
```

在浏览器中的预览效果如图 4.10 所示

图 4.10　换行效果

3. 关于字体

在 CSS3 以前，关于对页面上字体的选择，往往是根据浏览器所在计算机上已经安装的
字体来选择。如果客户端没有该字体，浏览器会选择相近的字体来显示。在 CSS3 中，网页
设计者可以使用自己指定的字体，将字体文件包含在网站中，自动下载给需要的用户。

在@font-face 规则中，首先定义字体的名称(如 myFont)，然后指向字体文件。

```
<style>
@font-face {
    font-family: myFirstFont; src: url(sansation_light.woff);
}
div {
    font-family:myFirstFont;
}
</style>
```

4.1.4　其他

1. 2D/3D 转换

CSS3 提供功能强大的 2D 和 3D 转换，能够使元素产生形状、大小和位置等的改变。常用的 2D 转换方法有 translate()、rotate()、scale()、skew()和 matrix()，使用方法见表 4.2。

表 4.2　2D 转换方法

函　　数	描　　述
matrix(n,n,n,n,n,n)	定义 2D 转换，使用六个值的矩阵
translate(x,y)	定义 2D 转换，沿着 X 和 Y 轴移动元素
translateX(n)	定义 2D 转换，沿着 X 轴移动元素
translateY(n)	定义 2D 转换，沿着 Y 轴移动元素
scale(x,y)	定义 2D 缩放转换，改变元素的宽度和高度
scaleX(n)	定义 2D 缩放转换，改变元素的宽度
scaleY(n)	定义 2D 缩放转换，改变元素的高度
rotate(angle)	定义 2D 旋转，在参数中规定角度
skew(x-angle,y-angle)	定义 2D 倾斜转换，沿着 X 和 Y 轴
skewX(angle)	定义 2D 倾斜转换，沿着 X 轴
skewY(angle)	定义 2D 倾斜转换，沿着 Y 轴

值得注意的一点是，在不同的浏览器中，使用转换的时候，略有不同。Internet Explorer 10、Firefox 和 Opera 使用默认方式，也就是直接使用这些方法，Chrome 和 Safari 要求前缀-webkit-，而 Internet Explorer 9 要求前缀 -ms-。

以下示例通过与原始元素对比演示两种变化方法的使用，其他变化方法类似。需要注意的是，如果连续使用转换方法，前一种转换带来的位置变化可能会影响到下面的转换。

例 4.4：2D 变换

(1) 在<body>内添加三对<div>，代码如下：

```
<div>原始元素</div>
<div id="div1">rotate(30deg)</div>
<div id="div2">translate(50px,100px)</div>
```

(2) 在<head>内创建样式设置，统一设置 Div 的形状与边框，代码如下：

```
div
{
    width:100px;
    height:50px;
    background-color:grey;
    border:1px solid black;
}
```

(3) 设置两种转换方式，代码如下：

```
div#div1
{
    transform: rotate(30deg);
    -ms-transform: rotate(30deg); /* IE 9 */
    -webkit-transform: rotate(30deg); /* Safari 和 Chrome */
}
div#div2
{
    transform:translate(50px,100px);
    -ms-transform:translate(50px,100px); /* IE 9 */
    -webkit-transform:translate(50px,100px); /* Safari 和 Chrome */
}
```

在浏览器中的预览效果如图 4.11 所示。

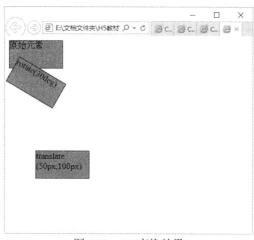

图 4.11　2D 变换效果

CSS3 中的 3D 转换与 2D 转换类似，主要是参数中多了 z 方向的参数。

2. 多列

CSS3 提供了一种类似于 Word 中分栏功能的多列显示效果，可以在一个元素的区域内对文本内容进行多列显示，以达到类似报纸的分栏效果。CSS3 为实现多列显示提供了多个属性，常用属性如下：

column-count：用于规定元素被分隔的列数。

column-gap：用于规定列之间的间隔距离。

column-rule：用于设置列之间的宽度、样式和颜色规则。

column-width：用于规定列的宽度。

columns：它是简写属性，用于设置列宽和列数。

下面的例子在 Div 中进行分栏，效果如图 4.12 所示。

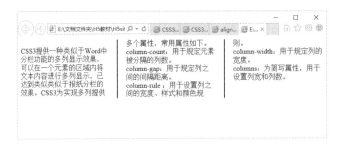

图 4.12　多列效果

完整代码如下：

```
<!DOCTYPE html>
<html>
<head>
<meta charset="utf-8">
<style>
.col3
{
    -moz-column-count:3;                /* Firefox */
    -webkit-column-count:3;             /* Safari and Chrome */
    column-count:3;
    -moz-column-gap:40px;               /* Firefox */
    -webkit-column-gap:40px;            /* Safari and Chrome */
    column-gap:40px;
    -moz-column-rule:2px solid #000;    /* Firefox */
    -webkit-column-rule:2px solid #000; /* Safari and Chrome */
    column-rule:2px solid #000;
}
</style>
</head>
<body>
<div class="col3">
    <p>CSS3 提供一种类似于 Word 中分栏功能的多列显示效果，可以在一个元素的区域内将文本
内容进行多列显示，已达到类似类似于报纸分栏的效果。CSS3 为实现多列提供多个属性，常用属性如
下。 <br>
    column-count：用于规定元素被分隔的列数。 <br>
    column-gap：用于规定列之间的间隔距离。 <br>
    column-rule ：用于设置列之间的宽度、样式和颜色规则。 <br>
    column-width：用于规定列的宽度。 <br>
    columns：为简写属性，用于设置列宽和列数。 </p>
</div>
</body>
</html>
```

4.2　CSS3 响应式网页设计

4.2.1　响应式网页设计

采用响应式设计方式实现的网站，其页面可以根据用户的行为和设备环境进行相应的响应和调整。CSS3 在设计之初就已经将其考虑在内，通过弹性盒模型、网格布局、响应式图片等技术实现响应式网页设计。

响应式网页设计过程中的一个核心技术就是弹性化的思想，也就是页面中的一切元素尽可能实现弹性化，在不同情境下变换自己的尺寸，以达到适应不同浏览需求的目的。

响应式网页的应用也为网页的布局风格带来一定程度的革新，出现了一些不同以往的布局形式。

1. 背景大图结合简单多列布局

背景大图用于抓住浏览者的眼球，尤其是在屏幕尺寸较小的移动设备上，这一点尤为突出。简单多列布局可以简洁明了地呈现信息分类，便于将信息更有效地组织在一起，同时也能够为用户提供方便的用于深入了解的条件。使用这种布局模式的网站不仅看上去很干净、清爽，有足够强劲的视觉表现力，而且还能够突破断点的限制，不管设备屏幕的大小，都为用户展示充足的内容，供用户浏览和探索，实现真正的响应式设计。

在这种布局模式下，通常包含以下内容：

● 位于顶部的能够伸缩的导航菜单栏。
● 背景大图，附有文字标题，或者以轮播的方式展现一组图片。
● 2 到 4 个分栏，承载不同类别的信息。
● 主要内容区域。
● 页脚，一般用于显示版权信息。

本章后面的综合案例多采用此种布局设计和实现。

2. 瀑布流布局

瀑布流布局的样式早在 2012 年就出现过，整个网页也是基于一种网格布局模式，但每行中每一个项目的高度并不一定相同，会随着内容(图片或文字)的变化而变化。每个项目列表呈堆栈形式排列，彼此间没有多余的间距，图 4.13 所示为典型的瀑布流布局。

图 4.13　瀑布流布局

4.2.2　响应式网页设计用到的技术

1. viewport

viewport 也叫视区，可以理解为网页的可视区域。这个概念的提出主要是为了使网页能够在移动终端设备(平板电脑或手机)上正常显示布局。

viewport 需要放在<meta>标签中，并且需要其他辅助属性一同作用才能达到效果。

```
<meta name="viewport" content="width=device-width, initial-scale=1.0">
```

width：控制 viewport 的大小，可以指定一个值，如 600；也可以使用一个特殊的值，如 device-width 表示设备屏幕的宽度。

height：和 width 对应，指定高度。

initial-scale：初始缩放比例，即页面第一次加载时的缩放比例。

maximum-scale：允许用户缩放到的最大比例。

minimum-scale：允许用户缩放到的最小比例。

user-scalable：用户是否可以手动缩放。

2. 网格视图

网格布局是目前流行的网页布局思想，采用这种布局方式的好处在于能够将网页分割成网格进行拼接，实现扁平化设计，便于添加各种元素和快速设计网页布局。响应式网格视图通常是 12 列，宽度为100%，在调整浏览器窗口大小时会自动伸缩。

图 4.14 所示为网格视图原理，底层虚线为逻辑上划分的 12 列网格，上层的阴影区域为设计布局的实际区域。

创建响应式网格视图时，首先要确保所有的 HTML 元素都有 box-sizing 属性且设置为 border-box。确保边距和边框包含在元素的宽度和高度间，代码如下：

```
* {
    box-sizing: border-box;
}
```

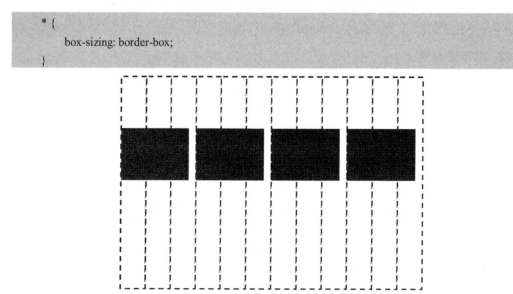

图 4.14　网格视图

　　box-sizing 属性允许以特定的方式定义匹配某个区域的特定元素。如果需要并排放置两个带边框的框,可通过将 box-sizing 设置为“border-box”来实现。可以让浏览器呈现出带有指定宽度和高度的框,并把边框和内边距放入框中。

　　例 4.5：简单响应式页面

　　要设计的简单响应式页面中包含两个并列元素,并定义为指定比例,显示效果如图 4.15 所示,左侧为窗口较宽时的效果,右侧为窗口较小时的效果。

图 4.15　响应式页面

　　代码如下:

```
<!doctype html>
<html>
<head>
<meta charset="utf-8">
<title>CSS3 响应式页面</title>
<style>
* {
    box-sizing: border-box;
}
.left {
    width: 30%;
    height:60px;
    float: left;
    background-color: #CCC;
}
.right {
    width: 70%;
    height:60px;
    float: left;
    background-color: #666;
}

</style>
</head>
<body>
<div class="left"></div>
<div class="right"></div>
```

```
</body>
</html>
```

3. 媒体查询

为了使用不同显示设备的屏幕大小，CSS3 通过媒体查询(@media)实现了针对不同媒体类型定义不同样式。@media 的使用格式如下：

```
@media mediatype and|not|only (media feature) {
    ......
}
```

也可以针对不同的媒体使用不同的样式表文件：

```
<link rel="stylesheet" media="mediatype and|not|only (media feature)"
    href="mystylesheet.css">
```

例 4.6：媒体查询示例(如图 4.16 所示)

该例在上面示例的基础上实现，页面窗口小于 640px 时，并列排列的两个区域变成上下排列。在上一个示例 CSS 规则的最后添加以下规则：

```
@media only screen and (max-width: 640px) {
.left {
    width: 100%;
}
.right {
    width: 100%;
}
}
```

图 4.16　媒体查询效果

4. 响应式图片

在以往的页面中，一旦图片的尺寸设置好之后，在浏览器中浏览时就不再发生改变。借助 CSS3 新的响应式图片功能，图片可以在浏览时根据浏览器窗口的变化而变化。对于一般图片，可以通过设置 width 或 max-width 两个属性为 100%来实现响应式图片。二者的区别在于：如果 width 属性被设置为 100%，图片会根据上下范围实现响应，也就是说，图片有可能会大于原始尺寸；如果 max-width 属性被设置为 100%，图片永远不会大于原始尺寸。

　　例 4.7：响应式图片(如图 4.17 所示)

图 4.17　响应式图片

　　代码如下：

```
<!doctype html>
<html>
<head>
<meta charset="utf-8">
<meta name="viewport" content="width=device-width, initial-scale=1.0">
<title>CSS3 响应式图片</title>
<style>
.img-width {
    width: 100%;
    height: auto;
}

.img-max-width {
    max-width: 100%;
    height: auto;
}
</style>
</head>
```

```
<body>
<p>
<img    class="img-width" src="images/teapot.jpg"></p>
<p>
<img    class="img-max-width" src="images/teapot.jpg"></p>
</body>
</html>
```

页面的背景图片也具有自适应能力，可以通过以下三种方式实现：

(1) 将 background-size 属性设置为 contain，背景图片将按比例自适应内容区域，并且图片保持比例不变。

(2) 将 background-size 属性设置为 100%，背景图片将延展覆盖整个区域。

(3) 将 background-size 属性设置为 cover，则会把背景图片扩展至足够大，以使背景图片完全覆盖背景区域。注意 background-size 属性保持了图片的比例，因此背景图片的某些部分无法显示在背景定位区域内。

4.3 使用 HTML5 与 CSS3 布局的综合案例

采用 HTML5 与 CSS3 进行布局时，可以沿用 HTML4 和 CSS2 的布局方式，但 HTML5 和 CSS3 提供了更多新的适合布局的理念，从而影响到目前网页设计和布局的一些风格和习惯。

在以往的布局中大量采用了<div>标签，可通过 id 或 class 为其设定不同的意义和样式。在 HTML5 中虽然保留了<div>标签，但也提供了一些新的具有清晰语义的标签，通过这些标签可以使设计者在规划网页布局时思路更加清晰，同时这样的页面对于搜索引擎来说也更加友好。

HTML5 提供多个具有语义的标签，设计者可以根据布局的需求来加以设计和布置。常用的新语义标签如表 4.3 所示：

表 4.3　常用语义标签列表

标　　签	说　　明
<article>	用于表示整体性内容，内容中可以包含<header>、<section>等标签中的信息，如论坛上的帖子、博客中的文章、用户评论等
<aside>	一般可作为<article>标签的附属信息部分，内容可以是与当前文章有关的相关资料、标签、名词解释等
<footer>	用于作为网页或 section 部分的页脚，通常含有该节的一些基本信息，如作者、相关文档链接、版权资料等
<header>	用以表示网页或 section 部分的页眉，通常是一组解释性或导航性的条目
<nav>	用于作为页面的导航链接区域
<section>	用于组合一些主题相关的内容，如文档中的"节""段"等

部分语义标签可以多次出现在不同的部分，此种情况下可以通过 id 或 class 对其进行区分，采用语义标签创建的网页更容易被理解，图 4.18 所示为采用语义标签创建的网页示意图。

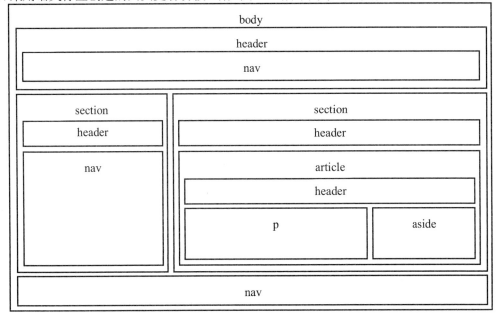

图 4.18 采用语义标签的网页布局结构

4.3.1 Web 页面案例：企业网站

企业网站是企业信息化建设过程中必不可少的一环，企业网站通过互联网进行网络营销和形象宣传，甚至企业的一些业务也可以通过企业网站实施。目前企业网站的主要功能包含企业宣传、产品资讯发布、招聘等。企业网站的布局首先以浏览者的视觉体验为依据，加强客户服务，完善网络业务，吸引潜在客户关注。

此企业网站案例采用较为简洁的页面设计风格，展示企业形象，发布企业信息，展示商品信息。图 4.19 为首页的预览效果。

图 4.19 企业网站首页的预览效果

(1) 创建页面基本结构的标签，并为其设置相应的 id。页面结构主体采用多行排列的形式，且在设计中大量采用了 HTML5 语义标签，具体结构划分如表 4.4 所示。

表 4.4　页面结构

标　　签	包含标签	说　　明
header id="top"		用于显示企业名称
nav id="top_menu"		导航条
section id="banner"		用于显示首页大图
section id="main"	section id="sidebar"	左侧菜单
	section id="content"	右侧新闻公告
section id="links"		产品链接
footer id="copyright"		版权信息

代码如下，保存为 index.html。

```html
<!doctype html>
<html>
<head>
<meta charset="utf-8">
<title>Rix-TECH 科技</title>
</head>
<body>
    <header id="top">
    </header>
    <nav id="top_menu">
    </nav>
    <section id="banner"></section>
    <section id="main">
        <section id="sidebar">
        </section>
    <section id="content">
</section>
</section>
    <section id="links">
    </section>
    <footer id="copyright"></footer>
</body>
</html>
```

(2) 在 CSS 文件夹下新建样式文件 style.css，并链接到 index.html 文件，如图 4.20 所示。

图 4.20　创建和链接样式文件

在样式文件中添加如下代码，清除所有边距。

```
*{
    margin: 0px;
    padding: 0px;
    border: 0px;
}
```

(3) 在 id="top"的<header>标签中添加两对<div>标签，分别命名为 logo 和 top_link，代码如下：

```
<header id="top">
    <div id="logo">Rx-Tech 科技</div>
    <div id="top_link">网站首页 | 行业介绍 | 联系我们 | 网站地图</div>
  </header>
```

在 style.css 文件中，为以上三个标签添加样式设置，代码如下：

```
#top {
    width: 1000px;
    height: 40px;
    margin:0px auto;
    background-color: #EFEFEF;
}
#logo {
    width: 160px;
    height: 24px;
    font-size: 24px;
    float: left;
    padding: 8px;
}
#top_link {
    width:360px;
    height:18px;
    line-height:18px;
    font-size:12px;
    float:right;
```

```
    margin-top:22px;
}
```

(4) 在 id="top_menu"的<nav>标签中创建项目列表，代码如下：

```
<nav id="top_menu">
    <ul>
        <li><a href="#">公司首页</a></li>
        <li><a href="#">产品介绍</a></li>
        <li><a href="#">企业服务</a></li>
        <li><a href="#">企业新闻</a></li>
<li><a href="#">企业文化</a></li>
        <li><a href="#">关于我们</a></li>
    </ul>
</nav>
```

在样式文件中添加样式，形成横向排列的导航信息，代码如下：

```
#top_menu {
    height: 50px;
    width: 1000px;
    margin:0px auto;
    background-color:#333;
}
#top_menu ul{
    height: 97px;
    float:left;
    list-style:none;
    padding-left:20px;
}
#top_menu ul li{
    float:left;
    position:relative;
}
#top_menu ul li a{
    float: left;
    position: relative;
    font-family: "微软雅黑";
    font-size: 18px;
    line-height: 48px;
    color: #FFF;
    text-decoration: none;
```

```
        text-align: center;
        display: block;
        height: 48px;
        width: 140px;
}
#top_menu ul li a:hover{
        border-bottom:2px solid #ccc;
        color:#ff0;
```

（5）为 banner 标记设置样式，代码如下：

```
#banner {
        height: 300px;
        width: 1000px;
        margin: 0px auto;
        background-image: url(../images/banner.jpg);
}
```

完成以上步骤后，在浏览器中的预览效果如图 4.21 所示。

图 4.21　顶部预览效果

（6）在 id="sidebar" 的 <section> 标签中添加一对 <nav> 和一对 <footer> 标签，在 <nav> 标签中制作菜单列表，在 <footer> 标签中添加相应的表单元素，代码如下：

```
<section id="sidebar">
    <nav id="left_menu">
        <p class="title">公司简介 </p>
        <ul>
            <li><a href="#">公司简介 </a></li>
            <li><a href="#">企业文化</a></li>
            <li><a href="#">公司历程</a></li>
            <li><a href="#">公司高层</a></li>
            <li><a href="#">服务政策</a></li>
        </ul>
```

```html
        <p></p>
    </nav>
    <footer id="serach">
        <p class="title">站内搜索 </p>
        <form name="form1" method="post" action="">
            <label for="sr_name"></label>
            <input type="text" name="sr_name" id="sr_name">
            <input type="submit" name="sr_button" id="sr_button" value="搜索">
        </form>
        <p> </p>
    </footer>
</section>
```

在 CSS 样式文件中设置相应 id 标签的样式，代码如下：

```css
#main {
    height: 376px;
    width: 1000px;
    margin: 0px auto;
}
#main #sidebar {
    background-image: url(../images/bg.png);
    float: left;
    height: 376px;
    width: 227px;
}
#left_menu {
    height: 240px;
    width: 225px;
    padding-top: 70px;
}
#main #sidebar #left_menu ul li {
    border-bottom-width: 1px;
    border-bottom-style: solid;
    border-bottom-color: #CCC;
    list-style-type: none;
}
#main #sidebar #left_menu ul li a {
    font-size: 14px;
    line-height: 40px;
    color: #999;
```

```
        text-decoration: none;
        display: block;
        height: 40px;
        width: 120px;
        padding-left: 60px;
}
#main #sidebar #serach {
        height: 48px;
        width: 164px;
        margin-left: 35px;
}
#main #sidebar #serach form #sr_name {
        color: #666666;
        height: 16px;
        width: 108px;
        border: 1px solid #666;
        font-size: 12px;
        margin-top: 5px;
        background-color: #d2d3d7;
        float: left;
}
#main #sidebar #serach form #sr_button {
        float: right;
        margin-top: 5px;
}
#main #sidebar #left_menu ul li a:hover{
        font-weight: bold;
        color: #000;
}
```

（7）在 id="content" 的<section>标签中添加表格，参照图 4.19 制作新闻公告列表。

```
<section id="content">
    <table id="tab01" width="100%" border="0">
        <caption>
        重要新闻与公告
        </caption>
        <tr>
            <td class="font1">【新闻】</td>
            <td>2018 年新产品发布会成功举办</td>
            <td class="font2">2018-02</td>
```

```
       </tr>
       <tr class="odd">
          <td class="font1">【公告】</td>
          <td>2018 年新产品发布会将于 2018 年 2 月举办</td>
          <td class="font2">2017-12</td>
       </tr>
       <tr>
          <td class="font1">【新闻】</td>
          <td>员工拓展训练活动</td>
          <td class="font2">2017-12</td>
       </tr>
       <tr class="odd">
          <td class="font1">【新闻】</td>
          <td>2017 年颁发优秀员工奖</td>
          <td class="font2">2017-12</td>
       </tr>
       <tr>
          <td class="font1">【新闻】</td>
          <td>客户答谢会成功举办</td>
          <td class="font2">2017-07</td>
       </tr>
       <tr class="odd">
          <td class="font1">【新闻】</td>
          <td>2017 年新产品发布会成功举办</td>
          <td class="font2">2017-03</td>
       </tr>
       <tr>
          <td class="font1">【新闻】</td>
          <td>2017 年新产品发布会将于 2017 年 3 月举办</td>
          <td class="font2">2017-01</td>
       </tr>
       <tr class="odd">
          <td class="font1">【新闻】</td>
          <td>本公司旗舰产品获奖</td>
          <td class="font2">2017-01</td>
       </tr>
       <tr>
          <td class="font1">【公告】</td>
          <td>2017 年新产品发布会将于 2017 年 3 月举办</td>
          <td class="font2">2016-12</td>
```

```
        </tr>
        <tr class="odd">
            <td class="font1">【公告】</td>
            <td>产品公告</td>
            <td class="font2">2016-10</td>
        </tr>
    </table>
</section>
```

在样式文件中添加表格中的相关样式，代码如下：

```css
#main #content {
    float: left;
    width: 730px;
    padding-left: 40px;
    padding-top: 40px;
}
#tab01 {
    margin: 0px;
    padding: 0px;
    width: 690px;
    border-top-width: 0px;
    border-right-width: 0px;
    border-bottom-width: 0px;
    border-left-width: 0px;
}
caption {
    font-family: "微软雅黑";
    font-size: 16px;
    line-height: 30px;
    font-weight: bold;
    color: #000;
    text-align: left;
}
td {
    line-height: 25px;
    padding-left: 10px;
    border-bottom-width: 1px;
    border-bottom-style: dashed;
    border-bottom-color: #CCC;
}
#tablist {
    text-indent: -1000em;
    width: 40px;
```

```
    }
    #type{
        color: #666;
        text-align: left;
        width: 80px;
        padding-left: 10px;
    }
    .title{
        color: #666;
        text-align: left;
        padding-left: 30px;
    }
    #date{
        color: #666;
        text-align: left;
        padding-left: 10px;
    }
    .font1{
        font-weight: bold;
        }
    .font2{
        font-weight: bold;
        color: #c0c0c0;
        }
    .odd{
        background-color: #f5f5f5;

        }
    table tr:hover{
        background-color: #e5e5e5;
    }
```

(8) 在 id="links"的<section>标签中添加图片，在<footer>标签中添加版权信息，代码如下：

```
<section id="links">
        <p>推荐产品</p>
    <div id="img">
        <img src="images/feature-1.jpg" width="193" height="180">


    </div>
    <div id="img">
        <img src="images/feature-1.jpg" width="193" height="180">


    </div>
```

```
    <div id="img">
        <img src="images/feature-1.jpg" width="193" height="180">
    </div>
  </section>
  <footer id="copyright">Copyright by Rx-Tech 科技</footer>
```

在样式文件中添加相关 id 的样式设置，代码如下：

```
#links {
    height: 280px;
    width: 1000px;
    margin: 0px auto;
    text-align: left;
}
#links p{
    height: 30px;
    width: 1000px;
    font-family: "微软雅黑";
    font-size: 16px;
    line-height: 30px;
    font-weight: bold;
    color: #000;
    margin-top: 20px;
    border-bottom-width: 2px;
    border-bottom-style: solid;
    border-bottom-color: #CCC;
}
#links img{
    float: left;
    margin-top: 10px;
    margin-right: 60px;
    margin-bottom: 0px;
    margin-left: 60px;
}
#copyright {
    background-color: #ccc;
    height: 30px;
    width: 1000px;
    line-height: 20px;
    color: #FFF;
    text-align: center;
```

```
        margin-top: 0px;
        margin-right: auto;
        margin-bottom: 0px;
        margin-left: auto;
        padding-top: 15px;
    }
```

完成以上步骤后，预览效果如图 4.19 所示。

4.3.2　Web 页面案例：教育信息网站

此网站案例添加了 HTML5 弹性盒模型，其排列与设置不同于 CSS2 中的标准盒模型。页面设置依然采用目前流行的多行样式，将导航项目与相关内容索引区域直接设计在首页内，页面结构如图 4.22 所示。导航采用顶部固定样式，页面主要区域都可以通过单击导航项直接跳转，首页预览效果如图 4.23 所示。

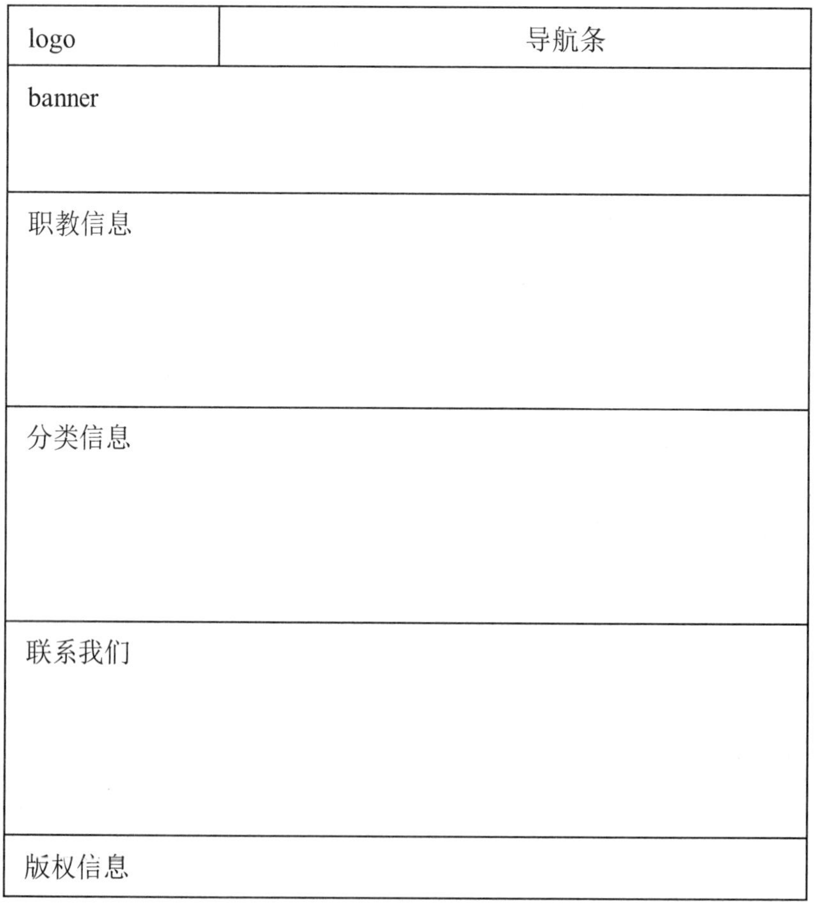

logo	导航条
banner	
职教信息	
分类信息	
联系我们	
版权信息	

图 4.22　网页结构示意图

图 4.23　预览效果

(1) 参照表 4.5 中的标签设置，初步建立页面基本结构。

表 4.5　页面基本结构

标签	说明
header id="top"	用于显示企业名称和导航条
section id="banner"	用于显示首页大图
section id="recommendlist"	职教信息
section id="typelist"	分类信息
section id="contact"	联系我们
footer id="copyright"	版权信息

创建了基本结构后，在相应的外层标签内添加二级标签结构，完整代码如下：

```
<!doctype html>

<html>

<head>

<meta charset="utf-8">

<title>高职教育信息网</title>

</head>

<body>
```

```
<header id="top">
<div id="logo">高职教育信息网</div>
<nav id="menu" class="navigation">   </nav>
</header>
<section id="banner"></section>
<section id="recommendlist"    class="flex-container">
<article class="flex-item">
<header class="title_text">
最新公告
</header>
<div class="title-box">
</div>
<div class="more"></div>
</article>
<article class="flex-item"><header class="title_text">
最新发布
</header>
<div class="title-box">
</div>
<div class="more"></div>
</article>
<article class="flex-item"><header class="title_text">
地方动态
</header>
<div class="title-box">
</div>
<div class="more"></div>
</article>
</section>
<section id="typelist">
<article id="img_list" class="flex-container">
<div class="img-item">
<div class="img-title">职教园地</div><div></div>
</div>
<div class="img-item">
    <div class="img-title">行业企业</div><div></div></div>
<div class="img-item">
    <div class="img-title">院校管理</div><div></div></div>
<div class="img-item">
    <div class="img-title">风采展示</div><div></div></div>
```

```
<div class="img-item">
    <div class="img-title">实验实训</div><div></div></div></div>
</article>
<article id="type_box" class="flex-container">
<div class="type-item">
<div class="type-title">教学创新</div>
<div>
    </div>
</div>
<div class="type-item">
<div class="type-title">产教融合</div>
<div>
    </div></div>
<div class="type-item"><div class="type-title">创新创业</div>
<div>
    </div></div>
</article>
</section>
<section id="contact">
<article id="scrab">
    <div id="form">
    </div>
</article>
<article id="info">
</section>
<footer id="copywright">
</footer>
</body>
</html>
```

(2) 在 CSS 文件夹下创建样式文件 style.css，在 index.html 中引用该文件，代码如下：

```
<link href="css/style.css" rel="stylesheet" type="text/css">
```

在该 CSS 文件中清除边框空隙，并设置为弹性盒模型，代码如下：

```
*{
    margin: 0px;
    padding: 0px;
    border: 0px;
    flex:1 100%;
}
```

（3）在 id="top" 的<header>标签内添加项目列表并将每一项制作成链接，链接到指定的 id，代码如下：

```
<nav id="menu" class="navigation">
  <ul>
    <li><a href="#banner">网站首页</a></li>
    <li><a href="#recommendlist">职教信息</a></li>
    <li><a href="#typelist">分类信息</a></li>
    <li><a href="#contact">联系我们</a></li>
  </ul>
  </nav>
```

在样式文件中设置顶部的 logo 和导航相关样式，代码如下：

```
#top {
    height: 40px;
    margin:0px auto;
    position:fixed;
    z-index:1;
    top:0;
    width:100%;
    background-color:#fff;
}
#logo {
    width: 260px;
    height: 24px;
    font-size: 24px;
    float: left;
    padding: 8px;
}
#menu {
    height: 40px;
    width: 60%;
    float:right;
    margin:0px auto;
    background-color:#333;
}
#menu ul{
    height: 40px;
    float:left;
    list-style:none;
```

```
        padding-left:20px;
}

#menu ul li{
        float:left;
        position:relative;
}
#menu ul li a{
        float: left;
        position: relative;
        font-family: "微软雅黑";
        font-size: 16px;
        line-height: 48px;
        color: #FFF;
        text-decoration: none;
        text-align: center;
        display: block;
        height: 38px;
        width: 140px;
}
#menu ul li a:hover{
        border:1px solid #ccc;
        color:#ff0;
}
```

（4）在 id="banner" 的<section>标签中插入图片，并在 CSS 样式文件中设置图片为自适应图片样式，以及设置 banner 的样式。

HTML 代码如下：

```
<section id="banner"><img src="images/banner.jpg" width="1000" height="340"></section>
```

CSS 样式文件的内容如下：

```
img {
        max-width:100%;
        max-height:100%;
}
#banner {
        padding-top: 40px;
        height: 300px;
        margin: 0px auto;
        background-color:#D7B58F;
```

```
}
```

（5）在 id="recommendlist"的<section>标签中完成以下操作：

在 class="title-box"的<div>标签中插入目录列表，并制作成项目列表，将每一项设置成空链接，在其后的 class="more"的<div>标签中添加"更多…"链接，代码如下：

```
<ul class="title-list">
    <li><a href="#"></a>关于印发《职业教育与继续教育 2018 年工作要点》</li>
    <li><a href="#">
        教育部职业教育与成人教育司负责人就《职业学校校企合作促进办法》答记者问</a></li>
    <li><a href="#">
        教育部等六部门关于印发《职业学校校企合作促进办法》的通知</a></li>
    <li><a href="#">
        教育部关于开展 2018 年 国家级教学成果奖评审工作的通知</a>
        <a href="#"></a></li>
    <li><a href="#">
        教育部职成司负责人解读《职业学校校企合作促进...</a></li>
    <li></li>
</ul>
<div class="more"><a href="#">更多...</a></div>
```

接下来完成相关类的样式设置，代码如下：

```
#recommendlist {
    padding-top:5px;
    height: 300px;
    margin:0px auto;
}
.flex-container {
    display: -webkit-flex;
    display: flex;
}
.flex-item {
    border-radius:15px;
    border:1px solid #ccc;
    width: 300px;
    height: 260px;
    margin: 10px;
    padding:10px;
    color: #D7B58F;
}
.title_text {
    font-family: "微软雅黑";
    font-size: 16px;
```

```css
        line-height: 20px;
        font-weight: bold;
        color: #D7B58F;
}
.title-box {
        padding:12px;
}
.title-list {
        font-size: 16px;
        line-height: 22px;
        color: #333;
        list-style-type: none;
}
.title-list li a {
        color: #333;
        text-decoration: none;
}
.title-list li a:hover {
        color: #C00;
        font-weight: bold;
}
.title_text {
        font-family: "微软雅黑";
        font-size: 16px;
        line-height: 20px;
        font-weight: bold;
        color: #D7B58F;
}
.more {
        font-weight: bold;
        text-decoration: none;
        float: right;
}
```

参照以上设置，完成右侧两栏的内容制作和样式设置。

(6) 找到 id="typelist"的<section>标签，在相应的<div>标签中插入图片，并设置为图片链接，其中一个代码如下，其他代码类似：

```html
<div class="img-title">职教园地</div>
<div><a href="#"><img src="images/teacher.jpg"></a></div>
</div>
```

在 style.css 样式文件中设置相关样式，代码如下：

```css
#typelist {
        padding-top:35px;
```

```
        height: 600px;
        margin:0px auto;
    }
#img_list{
        height:230px;
        maigin:5px;
    }
.img-item {
        border-radius:15px;
        border:1px solid #ccc;
        width: 220px;
        height: 200px;
        margin: 10px;
        padding-top:10px;
        padding-bottom:10px;
        color: #D7B58F;
        text-align:center;
    }
.img-title{
        font-family: "微软雅黑";
        font-size: 16px;
        line-height: 20px;
        font-weight: bold;
        color: #D7B58F;
        text-align:center;
        padding-bottom:10px;
    }
```

(7) 在"教学创新"的<div>标签中输入目录列表并设置为项目列表，同时将每项设置为空链接，其他项目的制作过程类似。

```
<div>
    <ul class="list-item">
    <li><a href="#">抢占新能源汽车专业风口</a></li>
    <li><a href="#">专业建设亟须规范，培养规模不宜扩大</a></li>
    <li><a hrcf="#">专业群对接产业链 培养升级"工匠人才"</a></li>
    <li><a href="#">行业性高职专业建设的关键在哪儿</a></li>
    <li><a href="#">高职专业哪家强 九项指标量一量</a></li>
    <li><a href="#">新兴专业尚需苦练内功</a></li>
    <li><a href="#">怎样给一个专业打分</a></li>
    <li><a href="#">推动新时代教师队伍建设再上新台阶</a></li>
```

```
        <li><a href="#">破解职业教育校企合作深层问题</a></li>
        <li><a href="#">精英工匠何处来</a></li>
        <li><a href="#">"教学诊改"的文化意义</a></li>
        <li></li>
        </ul>
    </div>
```

在样式文件中设置相关样式：

```
#type_box{
        height:360px;
        magin:5px;
}
.type-item
{
        border-radius:0px 0px 15px 15px;
        border:1px solid #ccc;
        width: 400px;
        height: 340px;
        margin:20px 10px;
        color: #D7B58F;
        }
.type-title{
        font-family: "微软雅黑";
        font-size: 16px;
        line-height: 20px;
        font-weight: bold;
        color: #FFF;
        text-align: center;
        padding-top: 10px;
        padding-bottom: 10px;
        background-color: #006;
}
.list-item{
    padding:10px;
        font-size: 14px;
        line-height: 24px;
        border-bottom:1px solid #ccc
        color: #333;
        list-style-type: none;
}
.list-item li a {
        color: #333;
        text-decoration: none;
```

```
}
.list-item li a:hover {
    color: #C00;
    font-weight: bold;
}
```

(8) 在 id="form"的<div>标签中添加表单，代码如下：

```
<form name="form1" method="post" action="">
        <p>欢迎给我们留言。</p>
        <p>姓名：</p>
        <p>
          <input name="textfield" type="text" id="textfield" size="80">
        </p>
        <p>电子邮件：</p>
        <p>
          <label for="textfield2"></label>
          <input name="textfield2" type="text" id="textfield2" size="80">
        </p>
        <p>主题：</p>
        <p>
          <label for="textfield3"></label>
          <input name="textfield3" type="text" id="textfield3" size="80">
        </p>
        <p>留言：</p>
        <p>
          <label for="textarea"></label>
          <textarea name="textarea" cols="75" rows="15" id="textarea"></textarea>
        </p>
        <p>           </p>
        <p>
          <input type="submit" name="button" id="button" value="提交">
        </p>
    </form>
```

(9) 在 id="info"的<article>标签中添加联系信息和链接信息，在 id="copywright"的<footer>标签中添加版权信息。在 CSS 样式文件中完成对以上内容样式的设置，代码如下：

```
#contact {
        padding-top: 40px;
        height: 450px;
        margin: 0px auto;
        background-color: #F7F7F7;
        font-size: 14px;
        line-height: 20px;
    }
```

```
#copywright {
    height: 180px;
    margin: 0px auto;
    background-color: #000;
    font-size: 14px;
    line-height: 22px;
    color: #FFF;
    text-align: center;
    padding:40px;
}
#scrab{
    width:640px;
    height:420px;
    float:left;
    padding-top:10px;
    padding-left:10px;
    padding-right:10px;
    border-right:1px solid #CCC;
    margin-left:15px;
    }
#info{
    width:630px;
    padding-top:10px;
    padding-left:10px;
    float:left;
    margin-left:15px;
    }
```

4.3.3 手机网站页面：旅游网站

在移动设备上浏览网页与在 PC 上浏览网页的主要区别是，PC 显示设备规格相对较少，且比例种类不多，移动设备显示设备尺寸较小，同时规格种类较多。因此，针对 PC 的网页在移动设备上显示时往往文字显示很小，不利于阅读，或者网页布局发生错乱，影响浏览者阅读。

随着越来越多的用户采用手机访问互联网，因此针对手机等移动设备的网页，或者既能够适应 PC 浏览器，又能够适应手机浏览器的网站越来越受欢迎。HTML5 在一些技术上考虑到了这种应用特点，因此现在通过 HTML5 和 CSS3，要实现既能够在 PC 浏览器上浏览，又能够适应手机浏览器的网页也变得不再困难。

以下案例创建的旅游网站首页既能够在 PC 浏览器上正常浏览，也能够适应手机屏幕较小的特征。在 PC 模式下，网页的布局依照目前主流的样式显示，如图 4.24 所示。当浏览器变小时(如宽度小于 768px)，页面重新排版，形成适应手机浏览器的浏览效果，如图 4.25 所示。

图 4.24　在较大浏览器窗口中的预览效果　　　　图 4.25　在较小浏览器窗口中的预览效果

(1) 对于首页的制作，首先按照 PC 端网页制作模式布局和设置。

```
.recol-1 {
    width: 33.3%;
    float: left;
}
.recol-2 {
    width: 33.3%;
    float: left;
}
.recol-3 {
    width: 33.3%;
    float: left;
}
.right {
    width: 70%;
    float: left;
}
```

```
.left {
    width: 300px;
    float: left;
}
.about {
    width: 30%;
    float: left;
    weight: 60px;
    border-right-width: 1px;
    border-right-style: solid;
    border-right-color: #CCC;
    margin-right: 15px;
    padding-left: 30px;
    font-size: 14px;
}
.about-r {
    width: 30%;
    float: left;
    weight: 60px;
    border-right-width: 1px;
    border-right-color: #CCC;
    margin-right: 15px;
    padding-left: 30px;
    font-size: 14px;
}
```

(2) 为了能够适应不同尺寸的显示设备，在样式设置中添加以下两部分：

```
<meta name="viewport" content="width=device-width, initial-scale=1.0">
```

另一部分通过媒体查询实现页面的变化：

```
@media only screen and (max-width: 768px) {
.recol-1 {
    width: 100%;
}
.recol-2 {
    width: 100%;
}
.recol-3 {
    width: 100%;
}
.about {
    width: 100%;
}
.about-r {
```

```
        width: 100%;
    }
    .right {
        width: 100%;
    }
    .left {
        width: 100%;
    }
}
</style>
```

4.4　本章小结

本章介绍了 CSS3 中弹性盒模型的基本概念，以及采用 CSS3 进行布局时一些新的特性、背景、边框、文字特效以及 2D/3D 转换等。重点讲解了采用 CSS3 实现响应式网页设计的基本概念和相关技术，包括网格布局、媒体查询和响应式图片等。通过在 Dreamweaver 中进行综合案例的讲解，将 CSS3 样式表的设置和使用方法渗透其中，便于学习和掌握。

4.5　课后训练

1. 仿照 3.3.1 节"Web 页面案例：企业网站"中首页的设计样式，完成产品页面的设计，样图参照图 4.26。

图 4.26　参考图例

2. 利用班级网站的素材将班级网站的首页制作成响应式页面。

第5章 JavaScript基础

5.1 JavaScript 概述

HTML5 在动态交互方面的提高是一次飞跃，将 HTML5 与 CSS3 以及 JavaScript 结合在一起后，能够实现非常复杂的应用，这是以前版本所不能达到的应用高度。

JavaScript 是一种历史悠久的脚本语言，大多数情况下运行在客户端，也可以在服务器端运行，如 ASP 和 Node.js。JavaScript 也是一种基于对象(Object)和事件驱动(Event Driven)的脚本语言。一般情况下，JavaScript 代码不会被编译成二进制代码，而是作为 HTML 的一部分由浏览器解释、执行。

值得注意的是，JavaScript 和 Java 是由两家公司开发的不同产品。Java 是 Sun 公司推出的新一代面向对象的程序设计语言，而 JavaScript 是 Netscape 公司的产品，目的是扩展浏览器功能。目前 JavaScript 已被标准化为 ECMAScript，得到了主流浏览器的支持。

例 5.1：弹出警告框

在<body>标签对之间输入以下代码：

```
<body>
<script language="JavaScript">
alert(new Date());
</script>
</body>
```

JavaScript 脚本必须放置在<script>标签对之间，<script>标签可以出现在 HTML 文件的任何位置，但一般情况下带<script>的脚本段放置在一对<head>或<body>标签之间。在<script>标签中，language 属性指明这段代码是用 JavaScript 编写的。alert()函数用于弹出警告框，Date()函数用于获取当前系统时间，最终的运行结果如图 5.1 所示。

如果在 IE 浏览器中运行程序，会弹出如图 5.2 所示的对话框。只有单击"允许阻止内容"才能运行脚本程序，得到相应结果，否则浏览器会忽略 JavaScript 脚本。

图 5.1 弹出警告框

图 5.2　设置浏览器允许运行脚本

5.2　JavaScript 应用

5.2.1　JavaScript 基本语法

1. 基本语法

JavaScript 的语法借鉴了很多 C 语言和 Java 的语法，但又不完全相同。

(1) 通用要求

● 在 JavaScript 中定义的变量名、方法名、数组名等符号，可包含大小写字母、数字、下画线和美元符号，但不能以数字开头，不能是关键字，且严格区分大小写；

● 每条功能执行语句必须以“；”结束，语句中的每个词之间用空格、制表符、换行符或大小括号等分隔符隔开；

● JavaScript 中的注释分为单行注释和多行注释，使用//符号对单行信息进行注释，使用/*……*/对多行信息进行注释，注释信息仅作说明用途，在程序运行过程中不被执行。

(2) 数据类型

● 字符串：在 JavaScript 中，字符串可以由任何合法字符组成，比如"123"、'hello'、"你好"；

● 数值：包括整数数值和浮点型数值两种，主要用于计算；

● 布尔值：只有 true 和 false 两个值；

● 空值：只有一个值，即 null，用来表示尚未存在的对象。当函数企图返回一个不存在的对象时，返回值为 null；

● 未定义值：只有一个值，即 undefined。当声明的变量还未被初始化时，变量的默认值为 undefined。

(3) 变量

在 JavaScript 中，变量的定义和使用没有 C 语言中那么严格，采用隐式定义时变量不用定义就可以使用，推荐使用显式定义的方式定义变量，即先定义后使用。在声明变量的时候，要用到关键字“var”，一般情况下声明的变量不需要定义类型，在使用变量的时候，为其赋的值是什么类型，该变量就是什么类型。

隐式定义，如：i=3，s="hello"；

显式定义，如：var str = "Hello js!"；

在 JavaScript 中，变量类型能够进行转换，如下所示：

var a="1.234";

```
var b=a-1;
var c=a+b;
```

变量 a 为字符串，在计算 a-1 时，会将 a 转换成数值类型，则 b 为 0.234，c 为 1.468。

为了能够在字符串和数值之间进行相互转换，JavaScript 定义了三种强制类型转换的方法：

toString()：将布尔值、数值等转换成字符串。

parseInt()：将字符串、布尔值转换成整数。

parseFloat()：将字符串、布尔值转换成浮点数。

(4) 表达式和运算符

JavaScript 语言中的运算分为几类，每种运算中都包含对应的运算符号，如表 5.1 所示，在该表中假定 b=7、x=5、y=4。

表 5.1　运算符

分类	运算符	意义	示例	运算结果
算术运算符	+	加	A=b+5(假设 b=7)	a=12
	−	减	A=b-5	a=2
	*	乘	A=b*5	a=35
	/	除	A=b/5	a=1.4
	%	求余数	A=b%5	a=2
	++	累加	a=++b	a=8
	--	递减	a=--b	a=6
比较运算符	<	小于	b<5(假设 b=7)	false
	>	大于	b>5	true
	<=	小于或等于	b<=5	false
	>=	大于或等于	b>=5	true
	==	等于	b==5	false
	===	全等(值和类型)	b===5	false
	!=	不等于	b!=5	true
逻辑运算符	&&	逻辑与	x < 10 && y > 1	true
	||	逻辑或	x==5 || y==5	true
	!	逻辑非	!(x==y)	true
赋值运算符	=	赋值	x=y	x=4
	+=	等价于 x=x+y	x+=y	x=9
	-=	等价于 x=x-y	x-=y	x=1
	*=	等价于 x=x*y	x*=y	x=20
	/=	等价于 x=x/y	x/=y	x=1.25
	%=	等价于 x=x%y	x%=y	x=1
条件选择符	条件表达式？A:B	表达式成立，结果为 A，否则为 B	(x>=y)?a=3:a=5	a=3

当多种运算符出现在同一表达式中时，按照优先顺序进行运算。一般情况下，运算符的优先顺序按照由高到低为：算术运算(一元运算符级别优先)、比较运算符、逻辑运算符、条件选择符和赋值运算符。

(5) 数组

数组是 JavaScript 中的复杂数据类型，是包含一组同种类型数据的集合。在声明数组变量的时候，数组变量名的定义与其他变量的声明要求一致，但在声明数组时需要对其进行初始化。

```
var  数组变量名  = new Array()
```

在对数组进行初始化时可以指定数组长度，如 var week = new Array(7)。如果不指定数组长度，数组长度可以在使用过程中动态变化。对于动态变化的数组，其长度可以通过 length 属性获得。

例 5.1：数组应用(运行结果如图 5.3 所示)

```
<!doctype html>
<html>
<head>
<mcta charset="utf-8">
<title>数组</title>
<script language="JavaScript">
var week = new Array();          //创建数组
week[0] = "星期日";              //给数组赋值
week[1] = "星期一";              //给数组赋值
week[2] = "星期二";              //给数组赋值
week[3] = "星期三";              //给数组赋值
week[4] = "星期四";              //给数组赋值
week[5] = "星期五";              //给数组赋值
week[6] = "星期六";              //给数组赋值
document.write("今天是"+ week[4]+"<br>");
document.write("后天是"+week[6]+"<br>");
document.write("一个星期有"+week.length+"天");
</script>
</head>
<body>
</body>
</html>
```

图 5.3　数组应用

2. 流程控制

在 JavaScript 中，流程控制语句有两大类：条件分支结构和循环结构。这两种控制结构在很多语言中都有，在编程时非常常用。

(1) 条件分支结构

条件语句有两种。一种是 if else 条件语句，用于根据条件判断执行不同的语句。如果表达式的值为 true，则执行语句 1，否则执行语句 2。

```
if(表达式) {
    语句 1;
}else{
    语句 2;
}
```

例 5.2：判断今天是工作日还是周末休息日(运行结果如图 5.4 所示)

```
<!doctype html>
<html>
<head>
<meta charset="utf-8">
<title>流程控制</title>
<script language="JavaScript">
var x= (new Date()).getDay();
//获取今天的星期值，0 为星期天
var y;
if   ( (x==6)||(x==0) ) {
    y="周末休息日";
}else{
    y="工作日";
}
alert(y);
</script>
</head>
<body>
```

```
</body>
</html>
```

图 5.4　判断工作日案例

在以上代码中，(new Date()).getDay()用于获取今天的星期值，0 为星期天，6 为星期六，1 至 5 对应星期一至星期五。

if 语句可以进行嵌套，通过嵌套可以实现复杂的条件选择，嵌套格式如下：

```
if (表达式 1) {
    语句 1;
}else if (表达式 2){
    语句 2;
}else if (表达式 3){
    语句 3;
} else{
    语句 4;
}
```

与 if 语句嵌套功能相同的语句是 switch 语句，swith 比 else if 结构更加简洁、清晰，使程序的可读性更强。switch 语句格式如下：

```
switch (表达式){
case label 1：语句 1; break;
…
case label n：语句 n; break;
[default：语句 n+1;]
}
```

例 5.3：switch 语句示例(运行效果如图 5.5 所示)

```
<!doctype html>
<html>
<head>
<meta charset="utf-8">
```

```
<title>流程控制</title>
<script language="JavaScript">
var x= (new Date()).getDay();
//获取今天的星期值，0 为星期天
switch(x){
    case 0:y="星期日";        break;
    case 1:y="星期一";        break;
    case 2:y="星期二";        break;
    case 3:y="星期三";        break;
    case 4:y="星期四";        break;
    case 5:y="星期五";        break;
    case 6:y="星期六";        break;
    default: y="未定义";
}
alert(y);
</script>
</head>
<body>
</body>
</html>
```

图 5.5　switch 语句示例

(2) 循环结构

循环是 JavaScript 中用于重复执行相同语句的结构，有 for 循环和 while 循环两种。

for 循环一般用于实现固定次数的循环，当条件成立时，执行语句 1，否则跳出循环体。每循环一次，循环条件按照设置的数量进行增加或减少。for 循环基本格式如下：

```
for (初始化;条件;增量){
    语句 1;
    ...
}
```

例 5.4：在页面上循环输出标题 H1 到 H6(运行结果如图 5.6 所示)

```html
<!doctype html>
<html>
<head>
<meta charset="utf-8">
<title>流程控制</title>
<script language="JavaScript">
for (var i=1;i<=6;i++){
    document.write("<H"+i+">hello</H "+i+"> ");
    document.write("<br>");
}
</script>
</head>
<body>
</body>
</html>
```

图 5.6　循环输出标题 H1 到 H6

while 循环和 for 循环类似，当条件成立时循环执行花括号{}内的语句，否则跳出循环。但在循环条件判断中没有更改条件的操作，因此花括号{}内的语句中必须有能够改变循环条件的操作语句，否则会进入无限循环状态。while 循环基本格式如下：

```
while(条件){
语句1；
...
}
```

例 5.5：在页面上循环输出标题 H1 到 H6

```html
<!doctype html>
<html>
<head>
<meta charset="utf-8">
<title>流程控制</title>
```

```
<script language="JavaScript">
var i=1;
while (i<7) {
    document.write("<H"+i+">hello</H "+i+"> ");
    document.write("<br>");
    i++;
}
</script>
</head>
<body>
</body>
</html>
```

(3) 函数和事件

函数在目前常见的计算机语言中都是非常重要的概念。通过函数可以封装多条语句，在程序的其他位置进行调用，它给 JavaScript 带来了非常有效的编程能力。函数可以简单理解为一组语句，用来完成一些工作，这些语句被包含在特定的结构语句中，当程序需要做这些工作的时候，只需要调用函数就可以多次执行这些动作以完成相应的工作。

定义函数时通常以关键字 function 开头，函数名的命名方式与变量的命名规则相同，函数定义格式如下：

```
function  函数名(参数 1,参数 2,…参数 N)
    {
            函数体(语句集)
    }
```

例 5.6：通过定义函数接收用户输入信息并弹出显示结果

```
<!doctype html>
<html>
<head>
<meta charset="utf-8">
<title>流程控制</title>
<script language="JavaScript">
    function Hello(){
        var str;
        var yname=prompt("你的姓名？","张三");
        hello="您好，"+yname+'先生，欢迎您！';
        alert(hello);
    }
Hello();
</script>
</head>
```

```
<body>
</body>
</html>
```

以上示例代码的预览效果如图 5.7 所示。prompt()函数用于弹出一个供用户输入信息的对话框，该函数的第一个参数是提示信息，第二个参数是默认值，如("你的姓名？","张三")，运行后的结果如图 5.8 所示。prompt()函数的返回值为用户在该对话框中输入的数据。

图 5.7　在运行中接收用户数据　　　　图 5.8　运行结果

JavaScript 的事件处理机制是其实现动态交互的主要方式，所谓事件，就是 Web 页面在浏览器处于活动状态时发生的各种事情，如浏览器加载、卸载页面，用户单击鼠标、移动鼠标，以及按下键盘上的某个键等。JavaScript 通过监听这些事件的触发，调用相应的代码来执行一定的功能，比如当用户单击某个按钮时，打开输入对话框，供用户输入信息。

在 JavaScript 中，事件被触发后，可以执行 JavaScript 代码，这些代码可以是一条语句，也可以是函数，通常情况下事件调用的是函数，常用事件如表 5.2 所示。

事件调用函数的格式如下：

on 事件名=事件处理函数

表 5.2　常用事件

事件	何时触发	支持的页面元素
Onclick	鼠标单击时	所有元素
Ondbclick	双击鼠标时	所有元素
Onchange	显示的值改变时	表单元素
onfocus	窗口或元素获得焦点时	<body>和表单元素
onblur	窗口或元素失去焦点时	<body>和表单元素
onload	文档、图像或对象加载完毕时	<body>、<frameset>、<img>、<iframe>和<object>
onsubmit	提交表单时	<form>
onunload	卸载文档时	<body>和<frameset>

例 5.7：通过单击按钮弹出消息框(如图 5.9 所示)

```
<!doctype html>
<html>
<head>
<meta charset="utf-8">
<title>流程控制</title>
<script language="JavaScript">
    function clickbtn() {
        alert("按钮被单击");
    }
</script>
</head>
<body>
<input type="button" onclick="clickbtn()" value="单击按钮">
</body>
</html>
```

图 5.9　消息框示例

onclick 属性的值为 clickbtn()函数，具体的实现代码在脚本中进行定义。当用户单击该按钮时，浏览器会自动判断事件触发，并调用相应的函数，执行其中的代码。

5.2.2　JavaScript 内置对象

JavaScript 也是一种面向对象编程语言，JavaScript 将一些非常常用的功能预先定义成对象，用户可以直接使用，这种对象就是内置对象。

1. 常用对象简介

(1) 浏览器对象

网页和浏览器本身的各种元素在 JavaScript 程序中的体现，使 JavaScript 可以定位、改变内容以及展示 HTML 页面的所有元素。

(2) Math 数学对象

提供了进行所有基本数学计算的属性和方法。

(3) Date 日期对象

提供了获取、设置日期和时间的属性和方法。

(4) String 字符串对象

提供了对字符串进行处理的属性和方法。

(5) Array 数组对象

用来创建和使用数组。

(6) 窗口(window)对象

window 对象处于对象层次的最顶端，提供了处理浏览器窗口的方法和属性。

(7) 位置(location)对象

location 对象提供了与当前打开的 URL 一起工作的方法和属性，是静态对象。

(8) 历史(history)对象

history 对象提供了与历史清单有关的信息。

(9) 文档(document)对象

document 对象包含与文档元素一起工作的对象，它将这些元素封装起来供编程人员使用。

例 5.8：内置对象的用法(运行结果如图 5.10 所示)

```html
<!doctype html>
<html>
<head>
<meta charset="utf-8">
<title>流程控制</title>
<script language="JavaScript">
    document.write("3.8 四舍五入后为："+Math.round(3.8)+"<br>");
    document.write("产生一个 0-1 之间的随机数："+Math.random());
</script>
</head>
<body>
</body>
</html>
```

图 5.10　内置对象示例

上面的示例程序用到了数学对象 Math 的 round()方法，以对数字进行四舍五入。random()方法能产生随机数，然后用文档对象 Document 的 write()方法将结果输出到浏览器中。

2. 文档对象模型

浏览器对象是最为常用的对象，各种浏览器对象形成了一种层次模型，被称为文档对象模型(Document Object Model，简称 DOM)，如图 5.11 所示。

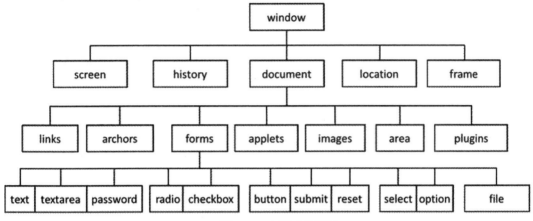

图 5.11　文档对象模型

对应于文档对象模型中的层次关系，JavaScript 针对浏览器对象采用的是逐层引用，例如：在引用 forms 对象时，使用 window.document.forms。如果要引用相应的属性，就在对象的后面加属性名，例如：通过对象的 name 属性来获取对象的名称。如果要引用一个 name 属性为 form1 的表单对象，可以使用 window.document.form1。

在文档对象模型中，有些对象属于数组对象，如 document 对象下一层的 images、links、forms 等对象，在引用这种数组对象时，可以使用对象在数组中的位置(下标)来引用，如 window.document.forms[0]，表示引用文档中的第一个表单。

(1) window 对象

window 对象作为文档对象模型中的最顶层对象，JavaScript 认为它是默认的，因此可以不写出来，如 window.document.forms 可以写成 document.forms。window 对象常用的几个方法用于实现与用户的交互，这在前面的示例中用到过，这里对其进行总结。

- alert()方法：弹出一个显示信息的警示对话框，如 alert("您好")。
- confirm()方法：弹出带有提示信息的确认对话框，如 confirm("确认删除吗?")
- prompt()方法：弹出一个带有输入信息的对话框，如 name=prompt("请输入你的名字")

(2) document 对象

document 对象是 JavaScript 实现网页各种功能中最常用的基本对象之一，代表浏览器窗口中的文档，可以用来处理文档中包含的 HTML 元素，如表单、图像、超链接等。

document 对象的常用属性如表 5.3 所示。

表 5.3　document 对象的常用属性

属　　　性	说　　　明
document.title	设置文档标题，等价于 HTML 的\<title\>标签
document.bgColor	设置页面背景色
document.fgColor	设置前景色(文本颜色)
document.linkColor	未单击过的链接的颜色
document.alinkColor	激活链接(焦点在这个链接上)的颜色
document.vlinkColor	已单击过的链接的颜色
document.URL	设置 URL 属性，从而在同一窗口中打开另一网页
document.fileCreatedDate	文件建立日期，只读属性
document.fileModifiedDate	文件修改日期，只读属性
document.charset	设置字符集，简体中文为 GB2312
document.fileSize	文件大小，只读属性

document 对象常用的方法有 write()、getElementsByName(Name)(或 getElementsById(ID))、createElement(Tag)等，如表 5.4 所示。

表 5.4　document 对象的常用方法

方　　　法	描　　　述
write()	用于动态向页面写入内容
createElement(Tag)	用于创建一个 html 标签对象
getElementById(ID)	用于获得指定 ID 值的对象
getElementsByName(Name)	用于获得指定 Name 值的对象

document.getElementById(ID)方法返回的对象，可以通过表 5.5 中的属性设置其文本信息。

表 5.5　document 对象用于设置文本信息的属性

属　　　性	描　　　述
document.getElementById("ID").innerText	动态输出文本
document.getElementById("ID").innerHTML	动态输出 HTML
document.getElementById("ID").outerText	同 innerText
document.getElementById("ID").outerHTML	同 innerHTML

例 5.9：动态改变文字内容

```
<!doctype html>
<html>
<head>
<meta charset="utf-8">
<title>内置对象</title>
<script language="JavaScript">
```

```
        function changebtn() {
                var lb1 = document.getElementById("lb1");
                lb1.innerHTML="新内容 1";
        }
</script>
</head>
<body>
<input type="button" onclick="changebtn()" value="改变文字内容">
<br>
<label id="lb1">文字内容 1</label>
<br>
<label id="lb2">文字内容 2</label>
</body>
</html>
```

在上面示例中，代码通过 document.getElementById("lb1")获取第一个标签的对象，并赋给变量 lb1，再通过 innerHTML 属性重新设置 HTML 标签中的文字，效果如图 5.12 所示。

图 5.12　动态改变文字内容

5.3　本章小结

本章主要介绍了 JavaScript 的发展历史，以及 JavaScript 的变量声明、数据类型、运算符、流程控制语句、数组与函数等基本语法。通过讲解 JavaScript 内置对象，操作页面元素，重点讲解了 JavaScript 内置对象中的文档对象及其应用。

5.4　课后训练

1. 编写 JavaScript 代码，实现在浏览器装载页面时弹出输入窗口，根据输入的时间判断并输出英文月份。

2. 编写 JavaScript 代码，在浏览器中输出 5 行 6 列的表格。

3. 参考图 5.13，编写 JavaScript 代码，实现在页面上留言。

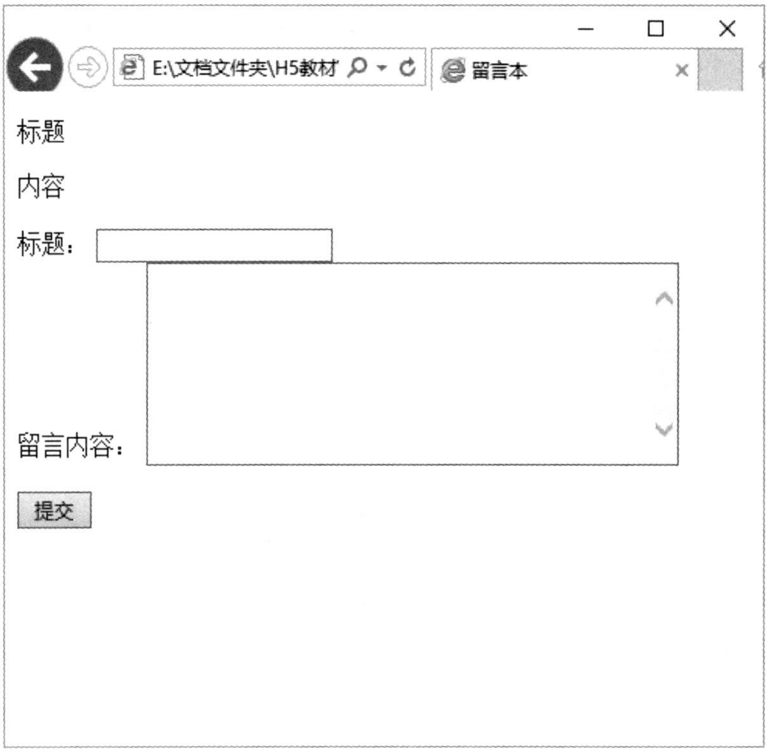

图 5.13　简单留言本

第6章　HTML5高级应用

HTML5 在动态交互方面的提高是一次飞跃，将 HTML5 与 CSS3 以及 JavaScript 结合在一起后，能够实现非常复杂的应用，这是以前版本所不能达到的应用高度。这一章通过介绍 HTML 的画布功能和 JavaScript 脚本的基本语法，实现在浏览器中绘制各种图形，并通过实例学习制作小游戏，进一步使读者掌握 HTML5 中交互功能的实现。

6.1　HTML5 画布的应用

通过 HTML5 的 Canvas 元素(也被称为画布元素)，可以在浏览器中绘制从基本图形元素到复杂动画的诸多应用，目前主流的网页设计中已经大量采用基于 HTML5 的动画来替代原有的 Flash 动画，大量的商务网站采用 HTML5 的画布元素来绘制各种统计图表，展示商业信息。

6.1.1　Canvas 简介

在 HTML5 的 Canvas 出现之前，网页设计人员要在网页上绘制图形，可以通过 Flash 或 SVG(Scalable Vector Graphics，可伸缩矢量图形)插件来实现，或者采用一些其他的标记语言来实现。苹果公司在提出 Canvas 的概念后，为 W3C 采用并设计和实现了 Canvas 图形绘制 API。

1. 什么是 Canvas

Canvas 元素在 HTML 文件中出现时与其他标签没有本质的区别，默认情况下 Canvas 标签出现在页面上的时候，页面上会形成一个宽度为 300px、高度为 150px 的矩形区域用于绘制图形，当然这个矩形的宽高也可以由用户设置。Canvas 元素本身并不能绘制图形，只能通过使用脚本(通常是 JavaScript)来完成绘制。

例 6.1：在页面上添加一个 Canvas 元素

(1) 首先在\<body\>标签对之间输入 Canvas 元素的标记，并设置 id 为 "myCanvas"、宽度为 400px、高度为 300px，代码如下：

```
<canvas id="myCanvas" width="400" height="300">
该浏览器不支持 HTML5 canvas 标签。
</canvas>
```

在 Dreamweaver 的设计视图中可以看到画布的显示区域，但在浏览器中看不到画布，如图 6.1 所示。

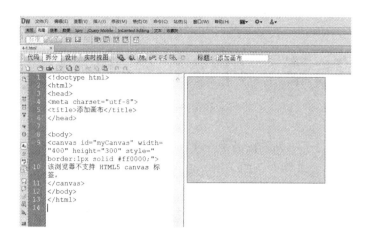

图 6.1　在 Dreamweaver 中插入<canvas>标签

(2) 在<canvas>标签中添加一个新的属性 style，将其值设置为如下所示：

```
<canvas id="myCanvas" width="400" height="300" style="border:1px solid #ff0000;">
该浏览器不支持 HTML5 canvas 标签。
</canvas>
```

通过添加以上属性，将画布的边框样式设置为 1px 的实线、颜色为红色，在浏览器中的显示效果如图 6.2 所示。

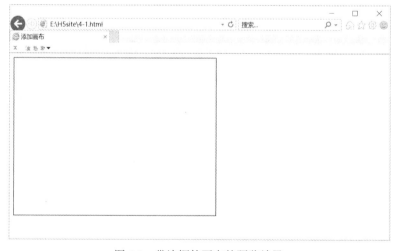

图 6.2　带边框的画布的预览效果

(3) 在<canvas>标签后面添加 JavaScript 脚本，实现在画布中绘制一条线段，代码如下，在浏览器中的预览效果如图 6.3 所示。

```
<script>
    var canvas = document.getElementById('myCanvas');
    var context = canvas.getContext('2d');
    context.beginPath();
    context.moveTo(100, 100);
```

```
            context.lineTo(240, 240);
            context.stroke();
    </script>
```

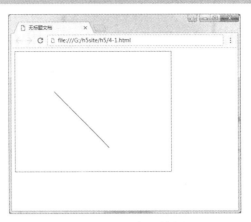

图 6.3 在画布中绘制线段

在以上 JavaScript 代码中，首先通过 document.getElementById('myCanvas')获取 Canvas 对象，并创建 getContext('2d')对象，该对象是 HTML5 的内置对象，提供了绘制路径、矩形、圆形、字符以及添加图像的方法，参数 2d 定义画布的对象为二维绘图。接下来采用绝对坐标方式创建路径，以及线段的两个端点，最后通过 stroke()方法将直线绘制在画布上。

2. Canvas 的坐标系统

对于 Canvas 的二维网格系统，坐标系左上角的坐标为(0,0)，如图 6.4 所示。

图 6.4 画布的坐标系统

在上面示例中，线段左上角的坐标为(100,100)，右下角的坐标为(240,240)。后面各个示例中的坐标都以此坐标系为准。

6.1.2 绘制基本图形

1. 绘制简单图形

Canvas 提供了基础图形的绘制功能，能够绘制直线段、圆、圆弧、矩形等多种图形，以下通过实例介绍常见基本图形的绘制。

例 6.2：绘制线段

在画布上绘制三条线段，如图 6.5 所示。

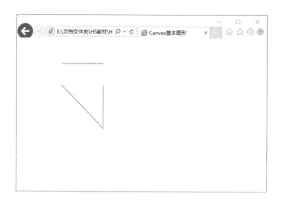

图 6.5　绘制线段

代码如下：

```
<canvas id="myCanvas" width="400" height="300"></canvas>
<script>
        var canvas = document.getElementById("myCanvas");
        var context = canvas.getContext("2d");
        context.strokeStyle = "rgb(250,0,0)";
        context.lineTo(100, 100);
        //之后的 lineTo 会从上次 lineTo 的节点开始
        context.lineTo(200, 200);
        context.lineTo(200, 100);
        context.moveTo(200, 50);
        context.lineTo(100,50);
        context.stroke();
</script>
```

与上一个示例相比，以上代码多做了两件事。首先用 context 的 strokeStyle()方法设置所绘制线段的颜色，等号后面用 rgb(250,0,0)将线条的颜色设置为红色，然后用 context 的 moveTo()方法为画笔设置新的起点。

例 6.3：绘制圆弧和路径

在画布上绘制两条圆弧，并填充内部，再绘制一个圆，预览效果如图 6.6 所示。

图 6.6　圆弧和路径

代码如下：

```
<canvas id="myCanvas" width="400" height="300"></canvas>
<script>
        var canvas = document.getElementById("myCanvas");
        var context = canvas.getContext('2d');
        var n = 0;
        //右侧 1/4 圆弧
        context.beginPath();
        context.arc(100, 150, 50, 0, Math.PI/2 , false);
        context.fillStyle = 'rgba(0,255,0,0.5)';
        context.fill();
        context.strokeStyle = 'rgba(0,255,0,0.5)'
        context.closePath();
        context.stroke();
        //左侧 1/4 圆弧
        context.beginPath();
        context.arc(100, 150, 50,    Math.PI/2, -3*Math.PI/4 , false);
        context.fillStyle = 'rgba(0,255,0,0.25)';
        context.fill();
        //绘制上面的圆形
        context.strokeStyle = 'rgba(0,255,0,0.25)';
        context.closePath();
        context.stroke();
         context.beginPath();
        context.arc(120, 100, 30, 0, Math.PI * 2, true);
        //不关闭路径的话，路径会一直保留下去，当然也可以利用这个特点实现意想不到的效果
        context.closePath();
        context.fillStyle = 'rgba(0,0,255,0.25)';
        context.fill();
</script>
```

beginPath()方法用于定义一条路径的开始或重置当前的路径，之后使用其他的方法
(moveTo()、lineTo()、quadricCurveTo()、bezierCurveTo()、arcTo()以及 arc()等)来创建路
径，最后使用 stroke()方法在画布上绘制确切的路径。与其对应的 closePath()方法用于关
闭路径。

在 Canvas 中用 arc()方法绘制圆弧或圆，arc(x,y,r,sAngle,eAngle,counterclockwise)方法
有 7 个参数，参数 x 和 y 为圆弧的圆心坐标，参数 r 为圆弧的半径，参数 sAngle 和 eAngle
分别为所绘制圆弧的起始角度和结束角度，角度以 Math.PI 的倍数表示，如 2*Math.PI 为
360°(整圆)，1.5*Math.PI 为 90°(四分之一圆)，如图 6.7 所示。最后一个参数
counterclockwise(可选项)表示角度的旋转方向，false 为顺时针，true 为逆时针。

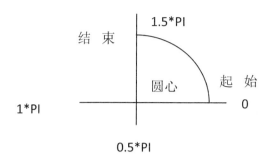

图 6.7　圆弧绘制角度示意图

例 6.4： 绘制矩形(运行结果如图 6.8 所示)

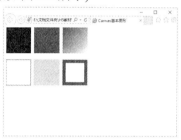

图 6.8　绘制矩形

代码如下：

```
<canvas id="myCanvas" width="400" height="300"></canvas>
<script>
        var canvas = document.getElementById("myCanvas")
        var context = canvas.getContext("2d");
        //上排第一个矩形
        context.fillRect(0, 0, 80, 80);
        //上排第二个矩形
        context.fillStyle = "red";
        context.fillRect(90, 0, 80, 80);
        //上排第三个矩形
        var grd=context.createLinearGradient(180,0,260,80);
        grd.addColorStop(0,"red");
        grd.addColorStop(1,"white");
        context.fillStyle =grd;
        context.fillRect(180, 0, 80, 80);
        //下排第一个矩形
        context.strokeStyle = "blue";
        context.strokeRect(0, 100, 80, 80);
        //下排第二个矩形
        context.fillStyle ="rgba(255,0,0,0.2)";
        context.strokeStyle ="rgba(255,0,0,0.2)";
```

```
        context.strokeRect(90,100 , 80, 80);
        context.fillRect(90,100 , 80, 80);
        //下排第三个矩形
        context.fillStyle = "red";
        context.fillRect(180,100 , 80, 80);
        context.clearRect(190, 110, 60, 60);
</script>
```

绘制矩形有两种方式，一种是填充矩形，另一种是矩形框，当然也可以将这两种结合在一起。在绘制填充矩形之前，首先给 fillStyle 属性设置填充样式，该属性可以设置为颜色值(如 red 或 rgba(255,0,0,0.2))，默认为黑色。在上述示例中，上排第一个矩形采用默认方式填充，上排第二个矩形的填充色为红色。

上排第三个矩形将填充样式设置为渐变，在填充矩形前，需要用相应的方法创建渐变，这里用 createLinearGradient()方法创建线性渐变，参数为渐变的起始点和终止点的坐标。创建渐变时，还需要用 addColorStop()方法添加渐变的颜色。

下排第一个矩形使用 strokeRect()方法绘制矩形的边框，但不填充颜色。在绘制前，需要通过 strokeStyle 属性设置笔触的颜色、渐变或模式。下排第二个矩形分别采用不同的颜色同时绘制边框和填充内部。

在绘制矩形时，可以用 clearRect()方法清空给定矩形内的指定像素，下排最后一个矩形内部的空白区域就是采用该方法实现的。

2. 绘制图表

通过 HTML5 的 Canvas 基本图形可以绘制出复杂的图形，比如商业统计中常用的各种图表。绘制图表是对 Canvas 的基本图形加以综合应用的过程，每一个图表都由各种点、线段、矩形或扇形组成。

例 6.5：绘制折线图(效果如图 6.9 所示)

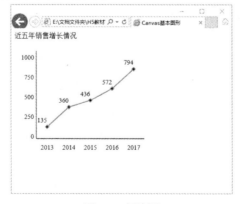

图 6.9 折线图

这个图表的绘制过程分以下几步完成：

(1) 创建 Canvas 画布，将 id 设置为"myCanvas"、宽度设置为 400px、高度设置为 300px。

```html
<canvas id="myCanvas" width="400" height="300"></canvas>
```

(2) 在 JavaScript 脚本中获取画布对象并进行设置。

```javascript
var can1 = document.getElementById("myCanvas");
var ctx = can1.getContext("2d");
```

(3) 初始化图表数据，创建两个数组：nums 为纵坐标数据，datas 为横坐标数据。

```javascript
var nums = [135,360,436,572,794];
var datas = ["2013","2014","2015","2016","2017"];
```

(4) 绘制出坐标线。

```javascript
ctx.beginPath();
ctx.moveTo(50,25);
ctx.lineTo(50,225);
ctx.moveTo(50,225);
ctx.lineTo(300,225);
ctx.closePath();
ctx.stroke();
```

(5) 绘制折线。

```javascript
for (i = 0;i < nums.length-1;i ++){
//起始坐标
var numsY = 225-nums[i]/250*50;
var numsX = i*50+75;
//终止坐标
var numsNY = 225-nums[i+1]/250*50;
var numsNX = (i+1)*50+75;
ctx.beginPath();
ctx.moveTo(numsX,numsY);
ctx.lineTo(numsNX,numsNY);
ctx.lineWidth = 2;
ctx.strokeStyle = "#80aa33";
ctx.closePath();
ctx.stroke();
        }
```

(6) 绘制折线点的菱形和数值、横坐标值和纵坐标值。

```javascript
for (i = 0;i <= nums.length;i ++){
var numsY = 225-nums[i]/250*50;
var numsX = i*50+75;
ctx.beginPath();
// 画出折线上的方块
ctx.moveTo(numsX-4,numsY);
```

```
    ctx.lineTo(numsX,numsY-4);
    ctx.lineTo(numsX+4,numsY);
    ctx.lineTo(numsX,numsY+4);
    ctx.fill();
    ctx.font = "15px scans-serif";
    ctx.fillStyle = "black";
    //折线上的点值
    var text = ctx.measureText(nums[i]);
    ctx.fillText(nums[i],numsX-text.width,numsY-10);
    //绘制纵坐标
    var colText = ctx.measureText((nums.length-i)*250);
    ctx.fillText((nums.length-i)*250,45-colText.width,i*45);
    //绘制横坐标并判断
    if (i < 5){
        var rowText = ctx.measureText(datas[i]);
        ctx.fillText(datas[i],numsX-rowText.width/2,250);
        }else if(i == 5) {
          break;
        }
    ctx.closePath();
    ctx.stroke();
    }
```

例 6.6：绘制饼图(效果如图 6.10 所示)

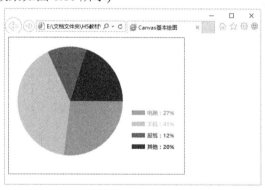

图 6.10　饼图

饼图的绘制其实是绘制扇形的过程，绘制扇形需要用到圆弧的绘制方法。扇形由两条线段和一段圆弧连接而成，因此最终需要使用路径将其连接到一起，预览效果如图 6.10 所示。具体实现过程是，采用函数对绘制过程进行封装，并将函数的代码放置在<head>标签内。

(1) 在<body>标签中添加<canvas>标签并设置 id 与边框信息，具体代码如下：

```
<canvas id="chart_Pie" width="400" height="300" style="border:1px solid #FF06aa;" ></canvas>
```

(2) 在\<head>标签内添加脚本标记，并编写绘制饼图的函数 drawCake()，具体代码如下：

```
/*定义 drawCake()函数，参数 canvasId 为画布对象的 ID，data_arr 为数据数组，color_arr 为颜色数
组，text_arr 为文字数组。*/
  function drawPie(canvasId, data_arr, color_arr, text_arr) {
//定义画布对象，并通过 id 获取画布对象
var c = document.getElementById(canvasId);
var ctx = c.getContext("2d");
//设置所绘制圆弧的半径和圆心
var radius = c.height / 2 - 30;                    //半径
var ox = radius + 20, oy = radius + 20;            //圆心
// 设置宽和高
var width = 30, height = 10;
var posX = ox * 2 , posY = 160;
var textX = posX + width + 5, textY = posY + 10;
//设置绘制圆弧时的起始弧角度和结束弧角度
var startAngle = 0;
var endAngle = 0;
 //从数组中取出数据并绘制饼图
 for (var i = 0; i < data_arr.length; i++)
   {
     endAngle = endAngle + data_arr[i] * Math.PI * 2;
     ctx.fillStyle = color_arr[i];
     ctx.beginPath();
    //移动到到圆心并绘制圆弧，关闭路径并填充
    ctx.moveTo(ox, oy);
    ctx.arc(ox, oy, radius, startAngle, endAngle, false);
    ctx.closePath();
    ctx.fill();
    //重新设置起始弧角度
    startAngle = endAngle;
    //绘制比例图及文字
    ctx.fillStyle = color_arr[i];
    ctx.fillRect(posX, posY + 25 * i, width, height);
    ctx.moveTo(posX, posY + 25 * i);
    //设置字体：斜体，12 像素，微软雅黑
    ctx.font = 'bold 12px 微软雅黑';
     ctx.fillStyle = color_arr[i];      //"#000000";
    var percent = text_arr[i] + ": " + 100 * data_arr[i] + "%";
    ctx.fillText(percent, textX, textY + 25 * i);

    }
```

```
}
```

(3) 初始化函数。

```
function init() {
//通过数组设定数据数值、颜色数值和文本内容
 var data_arr = [0.27, 0.41, 0.12, 0.2];
 var color_arr = ["#CDAB30", "#FFD407", "#00C104", "#444400"];
var text_arr = ["电脑", "手机", "报纸", "其他"];
//调用 drawPie()函数以绘制饼图
 drawPie("chart_Pie", data_arr, color_arr, text_arr);
}
```

(4) 当 JavaScript 脚本在<canvas>标签之前时，可以用页面装载事件调用和执行函数，因此在脚本代码的最后加入如下一行：

```
window.onload = init;
```

例 6.7：绘制柱形图

柱形图是非常常用的一种图表，通过 HTML5 的画布绘制柱形图的原理是，根据数据绘制相应比例的矩形。在此例中，除了绘制柱形图之外，还绘制了渐变的背景和横向的坐标线，预览效果如图 6.11 所示。

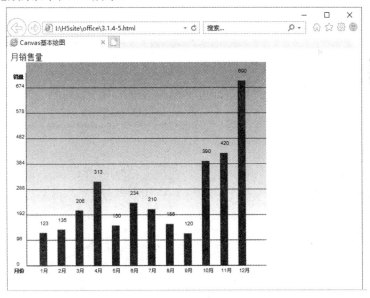

图 6.11　柱形图

具体步骤如下：

(1) 定义画布对象，具体参数设置如下所示：

```
<canvas id="chart_canvas" width="400" height="300"></canvas>
```

(2) 定义图表绘制函数。

```
function draw_chart(){
        //初始化横坐标和纵坐标的相关数据，存储在对应的数组中
    var data = [123,135,206,313,150,234,210,155,120,390,420,690];
    var monthname = ['1 月','2 月','3 月','4 月','5 月','6 月','7 月','8 月','9 月','10 月','11 月','12 月'];
        //获取画布对象
    var chart_canvas = document.getElementById('chart_canvas');
    var ctx = chart_canvas.getContext("2d");
        //设置渐变填充样式，用于绘制背景
    var gradient = ctx.createLinearGradient(0,0,0,300);
    gradient.addColorStop(0,"#999");
    gradient.addColorStop(1,"#ffffff");
    ctx.fillStyle = gradient;
        //填充渐变背景
    ctx.fillRect(30,0,chart_canvas.width,chart_canvas.height);
    var realheight = chart_canvas.height-15;
    var realwidth = chart_canvas.width-40;
        //绘制边框
    var grid_cols = data.length + 1;
    var grid_rows = 8;
    var cell_height = realheight / grid_rows;
    var cell_width = realwidth / grid_cols;
    ctx.lineWidth = 1;
    ctx.strokeStyle = "#a0a0a0";
    ctx.beginPath();
        //绘制横坐标轴上方的横线，并标记纵坐标
    for(var row = 1; row <= grid_rows; row++){
    var y = row * cell_height;
    ctx.moveTo(30,y);
        ctx.fillStyle="black";
        numy=770-Math.round(y)*2;
        ctx.fillText(numy, 10, y);
    ctx.lineTo(chart_canvas.width, y);
}
    //绘制横坐标轴
    ctx.moveTo(30,realheight);
    ctx.lineTo(realwidth,realheight);
    //绘制纵坐标轴
    ctx.moveTo(30,20);
    ctx.lineTo(30,realheight);
    ctx.lineWidth = 1;
    ctx.strokeStyle = "black";
    ctx.stroke();
```

```
var max_v =0;
for(var i = 0; i<data.length; i++){
    if (data[i] > max_v) { max_v =data[i]};
}
max_v = max_v * 1.1;
//将数据换算为坐标
var points = [];
    for(var i=0; i < data.length; i++){
        var v= data[i];
        var px = cell_width *    (i +1)+20;
        var py = realheight - realheight*(v / max_v);
        //alert(py);
        points.push({"x":px,"y":py});
    }
//绘制柱形图
    for(var i in points){
        var p = points[i];
        ctx.beginPath();
        ctx.fillStyle="blue";
        ctx.fillRect(p.x,p.y,15,realheight-p.y);
        ctx.fill();
    }
//添加文字
    for(var i in points)
        {
        var p = points[i];
        ctx.beginPath();
        ctx.fillStyle="black";
        ctx.fillText(data[i], p.x + 1, p.y - 15);
        ctx.fillText(monthname[i],p.x + 1,realheight+12);
        ctx.fillText('月份',5,realheight+12);
        ctx.fillText('销量',5,30);
        }
}
```

(3) 用页面装载事件调用和执行函数。

```
window.onload = draw_chart;
```

3. 变换 Canvas 对象

HTML5 的 Canvas 对象除了提供上面介绍的绘制基本图形的方法外，还提供了图形的变换功能，如图形的平移、旋转和缩放等。通过这些功能可以实现更为复杂的图形效果。

(1) 平移图形

通过 translate(x,y)方法实现对图形的平移，其中参数 x 是指沿 X 轴的平移量，参数 y 是沿 Y 轴的平移量。

例 6.8：绘制一个矩形并向右下方平移

```
<!doctype html>
<html>
<head>
<meta charset="utf-8">
<title>Canvas 图形变换</title>
<script>
    window.onload = function(){
        var canvas = document.getElementById("myCanvas");
        var context = canvas.getContext("2d");
        context.fillStyle = "#ccc";
        context.fillRect(50,50,100,50);
        context.fillStyle = "red";
        context.translate(100,100);
        context.fillRect(50,50,100,50);
    };
</script>
</head>
<body>
<canvasid="myCanvas"width="400"height="300"style="border:black1pxsolid"></canvas>
</body>
</html>
```

经过平移变换以后(即执行 context.translate(100,100)后)，坐标系的原点也跟着变化。如果再进行绘图或平移，系统就会基于刚才变换后的坐标系进行绘制或变换。如果不希望受变换的影响，就需要在平移之前用 save()方法存储坐标，在绘制完成后用 restore()方法恢复坐标。将上述代码修改成如下就会更加合理：

```
context.save();
context.translate(100,100);
context.fillRect(50,50,100,50);
context.restore();
```

(2) 旋转图形

对图形旋转的时候需要两个步骤。首先用 translate(x,y)方法重新定义画布上原点的位置，然后用 rotate(a)方法进行旋转，该方法用到的参数 a 可以用数学函数计算获得，如 45°可以用 45*Math.PI/180 表示，注意计算得到的角度单位是弧度。在用 rotate()方法旋转之后才能绘图。

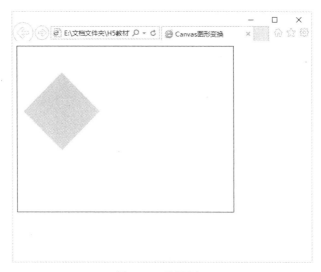

图 6.12 旋转图形

例 6.9： 绘制一个旋转 45°的正方形(预览效果如图 6.12 所示)。

```
<!doctype html>
<html>
<head>
<meta charset="utf-8">
<title>Canvas 图形变换</title>
<script>
    window.onload = function(){
        var canvas = document.getElementById("myCanvas");
        var context = canvas.getContext("2d");
        context.fillStyle = "#ccc";
        var angle=-45*Math.PI/180;
        context.translate(100,100);        //定义中心点
        context.rotate(angle);             //旋转
        context.fillRect(-75,-50,100,100); //画图
    };
</script>
</head>
<body>
<canvas id="myCanvas" width="400" height="300" style="border:black 1px solid"></canvas>
</body>
</html>
```

(3) 缩放图形

图形的缩放要用到 scale(x,y)方法，参数 x 是指 X 轴的缩放值，参数 y 是指 Y 轴的缩放值。

例 6.10： 先绘制一个边长为 50 的矩形，再绘制一个边长是它两倍的矩形(预览效果如图 6.13 所示)

图 6.13　缩放图形

代码如下：

```
<!doctype html>
<html>
<head>
<meta charset="utf-8">
<title>Canvas 图形变换</title>
<script>
    window.onload = function(){
        var ctx = document.getElementById("myCanvas").getContext("2d");
        ctx.fillStyle="#666";
        ctx.fillRect(0,0,50,50);
        ctx.fillStyle="#ccc";
        ctx.scale(2,2);
        ctx.fillRect(25,25,50,50);
    };
</script>
</head>
<body>
<canvas id="myCanvas" width="400" height="300" style="border:black 1px solid"></canvas>
</body>
</html>
```

(4) 变换矩阵

矩阵变换是图形处理中非常常用的操作，在很多语言中需要用户自己完成矩阵变换算法的实现，在 Canvas 的 API 中只需要调用相关方法就可以实现复杂的变换。transform(a,b,c,d,e,f)方法的参数较多，其中 a 表示水平缩放比例，b 表示水平倾斜角度，c 表示垂直倾斜角度，d 表示垂直缩放比例，e 表示水平位移量，f 表示垂直位移量。经过变换以后，坐标系会跟着变化，因此在使用该方法前，可以用 save()方法保存状态，之后用 restore()方法恢复状态。也可以用 setTransform(a,b,c,d,e,f)方法重置画布的坐标系，如果需要重置，参数可以按照 setTransform(1,0,0,1,0,0)进行设置。

例 6.11：对矩形进行旋转和平移变换(预览效果如图 6.14 所示)

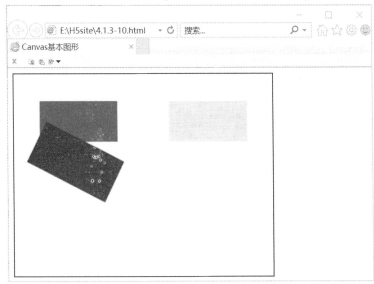

图 6.14　变换矩阵

代码如下：

```
<!doctype html>
<html>
<head>
<meta charset="utf-8">
<title>Canvas 基本图形</title>
<script>
    function cxt_transform() {
        var ctx = document.getElementById("myCanvas").getContext("2d");
        //保存状态
        ctx.save();
        //绘制原始矩形
        ctx.fillStyle="green";
        ctx.fillRect(40,40,120,60)
        //设置矩阵变换参数
        ctx.setTransform(1,0.5,-0.5,1,30,10);
        //绘制变换后的矩形
        ctx.fillStyle="blue";
        ctx.fillRect(40,40,120,60);
        //恢复坐标系状态
        ctx.restore();
        //平移矩形
```

```
            ctx.fillStyle="yellow";
            ctx.setTransform(1,0,0,1,200,0);
            ctx.fillRect(40,40,120,60);
        };
        window.onload=cxt_transform;
</script>
</head>
<body>
<canvasid="myCanvas"width="400"height="300"style="border:black1pxsolid"></canvas>
</body>
</html>
```

setTransform()和 transform()方法之间的差别在于，setTransform()方法会重置上次变换，然后重新构建新的变换矩阵，而 transform()方法直接在上次变换的基础上构建新的变换。

(5) 合成

在同一画布上同时出现两个图形，当这两个图形处在一种相互覆盖和叠加的位置时，这两个图形可以通过不同的组合方式形成不同的效果。通过设置 globalComposite Operation 属性可以实现多种组合方式，该属性的取值与组合效果如表 6.1 所示。

表 6.1　各种组合效果示意图

取值	组合效果	示意图
source-over	这是默认的组合方式，后绘制的图形覆盖先前绘制的图形	
source-atop	后绘制的图形与先前绘制的图形不重合的部分不会显示出来，重合的部分覆盖先前的图形	
source-in	只显示后绘制的与先前绘制重叠的部分，其他部分都不显示	

(续表)

取值	组合效果	示意图
source-out	只显示后绘制图形不重叠的部分，先前绘制的图形不显示	
destination-over	先绘制图形的位置在后绘制图形的上面，与 source-over 刚好相反	
destination-atop	显示后绘制的图形区域，对于与先前绘制图形重叠的部分，显示先前绘制的图形部分，先前绘制图形不重叠的部分则不显示	
destination-in	只显示两个图形重叠的部分，且先前绘制的部分覆盖后绘制的部分，其他部分不显示	
destination-out	只显示先前绘制图形不重叠的部分，其余都不显示	
lighter	重叠部分的颜色为混合之后的颜色，不重叠部分的颜色正常显示	

(续表)

取值	组合效果	示意图
copy	只显示重叠部分，且是后绘制图形重叠的部分，画布上其他的内容会被忽略	
xor	对两个图形进行异或运算，重叠部分不显示，其他部分显示	

在实际使用时，globalCompositeOperation 属性需要放置在绘制两个图形的代码之间，才会有效果。也就是说，对属性赋值后，才会影响到以后的图形组合效果。

```
ctx.fillStyle="green";
ctx.fillRect(190,40,100,100);
ctx.globalCompositeOperation="source-in";
ctx.fillStyle="blue";
ctx.fillRect(210,60,100,100);
```

6.1.3　使用特效

Canvas 提供了基本的绘图功能，将这些基本功能结合复杂的图形处理算法后，可以实现非常绚烂的特效，如各种粒子效果、各种动态文字、各种 3D 效果。在粒子效果的诸多应用中，雪花飘飞是最为常见的一种特效，原理较为简单，随机产生大小不同的雪花，并在画布上实现雪花沿着曲线向下运动，最终形成一种雪花飘落的效果。

首先通过完成单个雪花直线下落的过程来理解此动画的实现原理，这个简单的动画是雪花漫天飞舞特效的原始动画，通过这个动画的实现可以学习动画制作过程中用到的主要技术。雪花可以用一个小球表示，小球下落的过程是通过不断更改小球的纵坐标，同时擦除原来绘制的图形，最终形成小球下落的效果。

在这里主要用到两个方法：clearRect()和 setInterval()。clearRect()方法用于清除指定矩形区域内的像素，这是实现动画效果的非常重要的一步。动画产生的过程实际是不断绘制新图形并擦除旧图形的循环过程，从而给人在视觉上形成动态变化的效果。在实现循环过程时，这里并没有使用循环语句，而是用 setInterval()方法来实现。该方法按照指定的周期(以毫秒计)来调用函数或计算表达式。setInterval()方法会循环调用函数，直到 clearInterval() 方法被调用或窗口被关闭。

例 6.12：单个雪花的直线飘落效果

(1) 在<body>标签对中插入<canvas>标签，代码如下：

```
<canvas id="canvas"></canvas>
```

这里不设置画布的宽度和高度，在后面的 JavaScript 中实现对画布范围的设置。

(2) 设置 CSS 样式表，设置背景颜色和画布的样式，具体代码如下：

```
<style type="text/css">
    body {
        background-color: #CCCCCC;
        }
    canvas {
            display: block;
        }
</style>
```

(3) 在<head>标签对中输入 JavaScript 脚本，实现小球的直线下落，具体代码如下：

```
<script type="text/javascript">
    window.onload = function(){
        //初始化 Canvas，获取画布对象
        var canvas = document.getElementById("canvas");
        var ctx = canvas.getContext("2d");
        //定义画布的宽高与窗口大小一致
        var cW=window.innerWidth;
        var cH=window.innerHeight
        canvas.width=cW;
        canvas.height=cH;
        //定义变量 sy，用于存储雪花的纵坐标，初始值为 10
        var sy=10;
        //设置 setInterval()方法，每隔 10 毫秒调用一次函数
        var timer=setInterval(function(){
            //清除绘图区域
            ctx.clearRect(0,0,cW,cW);
            ctx.beginPath();
            //设置雪花的填充样式
            ctx.fillStyle = "rgba(255, 255, 255, 0.8)";
            //绘制雪花
            ctx.arc(cW/2, sy++, 5, 0, Math.PI*2, true);
            ctx.fill();
        } ,30);
            }
    </script>
```

　　上面的示例实现了单个雪花的飘落效果，直线轨迹并不像真实的雪花飘下来的效果，给雪花的下落轨迹加一些变化效果会更好。这里不仅要改变纵坐标，还要给横坐标添加一些变化，但并不是简单添加固定的偏移量，而是用三角函数计算得到非线性的增量，从而模拟出雪花随风飘落的效果。

　　例 6.13：单个雪花的曲线飘落效果

　　此例只需要在上一个示例的基础上添加一些新的代码即可，具体代码如下：

```
......
//定义 sy 为纵坐标，初值为 10；横坐标为 sx，初值为画布宽度一半的位置
var sy=10;
var sx=cW/2;
//定义 wAngle 为角度，初始值为 0
var wAngle=0;
var timer=setInterval(function(){
    ctx.clearRect(0,0,cW,cW);
    ctx.beginPath();
    //对角度进行累加，每次 0.01
    wAngle+=0.01;
    //对横坐标和纵坐标进行非线性累加
    sy+= Math.cos(wAngle) + 3.5;
    sx+= Math.sin(wAngle+1) * 2;
    ctx.fillStyle = "rgba(255, 255, 255, 0.8)";
    ctx.arc(sx, sy, 5, 0, Math.PI*2, true);
    ctx.fill();
......
```

　　通过以上示例，单个雪花的飘落效果已经比较真实了。下一步就是在画布上绘制更多大小不同的雪花，它们随机出现在不同的位置并飘落，效果如图 6.15 所示。

图 6.15　漫天飞雪效果图

完整代码如下：

```html
<!doctype html>
<html>
<head>
<meta charset="utf-8">
<title>雪花飞舞</title>
<style type="text/css">
        body {
        background-color: #CCCCCC;
        }
        canvas {
            display: block;
        }
</style>
<script type="text/javascript">
        window.onload = function(){
        //初始化 Canvas，获取画布对象
        var canvas = document.getElementById("canvas");
        var ctx = canvas.getContext("2d");
        //定义画布的宽高与窗口大小一致
        var cW = window.innerWidth;
        var cH = window.innerHeight;
        canvas.width = cW;
        canvas.height = cH;
        //初始化雪花，坐标与半径都使用随机函数产生
        var Max = 100;                      //定义雪花的最大数量
        var snow = [];
        for(var i = 0; i < Max; i++)
        {
            snow.push({
                x: Math.random()*cW,        //x 坐标
                y: Math.random()*cH,        //y 坐标
                r: Math.random()*4+1,       //半径
                d: Math.random()*Max        //密度
            })
        }
        //绘制雪花的函数
        function draw()
        {
            ctx.clearRect(0, 0, cW, cH);
            ctx.fillStyle = "rgba(255, 255, 255, 0.8)";
            ctx.beginPath();
            //利用循环绘制由数组中的所有数据定义的雪花
            for(var i = 0; i < Max; i++)
```

```
                    {
                            var p = snow[i];
                            ctx.moveTo(p.x, p.y);
                            ctx.arc(p.x, p.y, p.r, 0, Math.PI*2, true);
                    }
                    ctx.fill();
                    animate();
            }
            //实现雪花飘落的函数
            //wAngle 用于设置雪花飘落过程中的偏移量，偏移量的初始值为 0
            var wAngle = 0;
            function animate()
            {
                    wAngle += 0.01;
                    for(var i = 0; i < Max; i++)
                    {
                            var p = snow[i];
                            //更新雪花的坐标
                            p.y += Math.cos(wAngle+p.d) + 1 + p.r/2;
                            p.x += Math.sin(wAngle) * 2;
                            if(p.x > cW+5 || p.x < -5 || p.y > cH)
                            {
                                    if(i%3 > 0)
                                    {
                                            snow[i] = {x: Math.random()*cW, y: -10, r: p.r, d: p.d};
                                    }
                                    else
                                    {
                                            if(Math.sin(wAngle) > 0)
                                            {
                                                snow[i] = {x: -5, y: Math.random()*cH, r: p.r, d: p.d};
                                            }
                                            else
                                            {
                                                snow[i] = {x: cW+5, y: Math.random()*cH, r: p.r, d: p.d};
                                            }
                                    }
                            }
                    }
            }
            //设置动画循环
            setInterval(draw, 33);
    }
</script>
```

```
</head>
<body>
<canvas id="canvas"></canvas>
</body>
</html>
```

要做出各种特效，图形处理算法是关键，往往这些算法非常复杂，对于初学者或一般用户来说自行编写非常困难。目前解决这个问题的方法之一，就是采用已有的 JavaScript 框架或库，快速调用它们提供的相关功能，实现一些特殊效果。

目前的 JavaScript 框架种类非常多，从使用较早、成熟度高的 jQuery 框架到后起之秀 Vue 框架，它们各有千秋，都拥有一定的客户群。

1. jQuery

jQuery 是较早开发出来的框架，也是目前非常流行的一种 JavaScript 框架，很多框架都在其基础上发展变化而来(如 BootStrap)，很多项目和网页中都用到了 jQuery 框架。jQuery 提倡写更少的代码，做更多的事情。jQuery 封装了 JavaScript 的常用功能，优化了对 HTML 文档的操作，以及事件的处理、动画设计与 Ajax 交互，因此采用 jQuery 设计和实现复杂的动画特效比用原生 JavaScript 代码编写特效算法的效率高很多。

例 6.14：用 jQuery 框架实现下拉菜单

(1) 在 Dreamweaver 中制作菜单布局，如图 6.16 所示。菜单的制作分为两部分，首先通过列表制作导航条，在包含下拉菜单的导航项中嵌入列表以及相应的列表项。

图 6.16 制作导航条与下拉菜单项

以下是 CSS 样式代码：

```
<style type="text/css">
*{margin:0px;padding:0px;list-style-type:none;}
#left{float:left;}
#right{float:right;}
/* nav */
.nav{width:800px;height:46px;background:url(images/jq_bg.jpg) repeat-x;margin:40px auto;}
.nav li{
    float: left;
    width: 108px;
```

```
        height: 56px;
        line-height: 56px;
        text-align: center;
        font-size: 14px;
        position: relative;
}
.nav li a{color:#FFF;text-decoration:none;display:block;}
.nav li a.link{float:left;width: 108px;}
.nav ul li a:hover{background:url(images/jq_hover.png) no-repeat;display:block;}
.nav dl{
        width: 108px;
        border: 1px solid #036;
        font-size: 12px;
        position: absolute;
        top: 46px;
        left: 0px;
        background-color: #CCF;
}
.nav dl dd a{
        color: #006;
}
.nav dl dd a:hover{
        color: #000;
        background: #30f;
        opacity: 0.5;
}
</style>
```

以下是 HTML 代码：

```
<div class="nav">
        <div id="left"><img src="images/jq_left.jpg"></div>
        <ul>
                <li><a class="link" href="#">学院首页</a></li>
                <li class="mainmenu">
                        <a class="link" href="#">学院概况</a>
                        <dl>
                                <dd><a href="#">学院简介</a></dd>
                                <dd><a href="#">历任领导</a></dd>
                                <dd><a href="#">历史沿革</a></dd>
                                <dd><a href="#">校园风光</a></dd>
                        </dl>
                </li>
                <li class="mainmenu">
                        <a class="link" href="#">教育教学</a>
```

```
            <dl>
                    <dd><a href="#">教学管理</a></dd>
                    <dd><a href="#">教学改革</a></dd>
            </dl>
        </li>
        <li class="mainmenu">
                <a class="link" href="#">招生就业</a>
                <dl>
                        <dd><a href="#">招生咨询</a></dd>
                        <dd><a href="#">就业资讯</a></dd>
                </dl>
        </li>
        <li class="mainmenu">
                <a class="link" href="#">新闻资讯</a>
                <dl>
                        <dd><a href="#">学院新闻</a></dd>
                        <dd><a href="#">通知通告</a></dd>
                </dl>
        </li>
        <li class="mainmenu">
                <a class="link" href="#">部门介绍</a>
                <dl>
                        <dd><a href="#">专业系部</a></dd>
                        <dd><a href="#">学生工作</a></dd>
                        <dd><a href="#">后勤服务</a></dd>
                </dl>
        </li>
        <li class="mainmenu"><a href="#">联系我们</a></li>
    </ul>
    <div id="right"><img src="images/jq_right.jpg"></div>
</div>
```

(2) 引用 jQuery。

jQuery 实质上是一个 JavaScript 代码库，在使用其提供的各种功能前，需要将其引入相应页面，代码如下：

```
<script type="text/javascript" src="js/jquery.min.js"></script>
```

(3) 编写下拉菜单的代码，预览效果如图 6.17 所示。首先用$("dl").hide()将所有的 dl 列表项隐藏起来，当导航的列表项 "li.mainmenu" 触发 hover 事件时(即鼠标滑过该列表项时)，通过 find()方法查找 "dl" 并将该列表项通过 slideDown()弹出下拉菜单中的列表项。

```
<script type="text/javascript">
$(function(){
    $("dl").hide();
    $("li.mainmenu").hover(function(){
```

```
            $(this).find("dl").stop(true,true);
            $(this).find("dl").slideDown();
    },function(){
            $(this).find("dl").stop(true,true);
            $(this).find("dl").slideUp();
    });
})
</script>
```

图 6.17　下拉菜单

(4) Three.js

Three.js 是基于 JavaScript 的 3D 引擎，可以在浏览器中实现三维建模和渲染，创建各种三维场景，包括摄影机、光影、材质等各种对象。Three.js 是一个功能完善且易用的图形库，是对 WebGL 接口的封装与简化。WebGL 是基于 OpenGL 设计的面向 Web 的图形标准，提供了一系列 JavaScript API，通过这些 API 进行图形渲染，可充分利用图形硬件，从而获得较高性能。目前 Three.js 还处在发展阶段。

例 6.15： 绘制旋转的立方体

在浏览器中绘制一个立方体，并对其进行旋转，效果如图 6.18 所示。

图 6.18　旋转立方体

代码如下：

```
<!DOCTYPE html>
<html>
<head>
    <meta charset="UTF-8">
    <title>立方体</title>
    <script src="js/three.min.js"></script>
    <style type="text/css">
        html, body {
            margin: 0;
            padding: 0;
        }
        #three_canvas {
            position: absolute;
            width: 100%;
            height: 100%;
        }
    </style>
</head>
<body>
<canvas id="three_canvas"></canvas>
<script>
    var renderer, camera, scene, light, object;
    var width, height;
    //初始化渲染器
    function initRenderer() {
        width = document.getElementById('three_canvas').clientWidth;
        height = document.getElementById('three_canvas').clientHeight;
        renderer = new THREE.WebGLRenderer({
            //将画布与渲染器关联
            canvas: document.getElementById('three_canvas')
        });
        renderer.setSize(width, height);
        renderer.setClearColor(0xFFFFFF, 1.0);
    }
    //初始化摄像机、摄像机的位置、视口位置和大小等
    function initCamera() {
        camera = new THREE.OrthographicCamera(width / -2, width / 2, height / 2, height / -2, 1,
1000);
        camera.position.x = 0;
        camera.position.y = 0;
        camera.position.z = 200;
        camera.up.x = 0;
        camera.up.y = 1;
```

```
            camera.up.z = 0;
            camera.lookAt({
                x: 0,
                y: 0,
                z: 0
            });
        }
        //初始化场景
        function initScene() {
            scene = new THREE.Scene();
        }
        //初始化对象，此处将立方体添加到场景中
        function initObject() {
            var geometry = new THREE.CubeGeometry(100, 100, 100);
            object = new THREE.Mesh(geometry, new THREE.MeshNormalMaterial());
            scene.add(object);
        }
        //渲染函数
        function render() {
            requestAnimationFrame(render);
            object.rotation.x += 0.05;
            object.rotation.y += 0.05;
            renderer.render(scene, camera);
        }
        function threeStart() {
            initRenderer();
            initCamera();
            initScene();
            initObject();
            render();
        }
        window.onload = threeStart();
</script>
</body>
</html>
```

6.2　综合应用案例

6.2.1　绘制卡通头像

HTML5 的画布提供的绘图功能虽然只是提供最基本的绘图手段，但经过组合后，可以绘制出很复杂的图形。本节就利用多画布的方式模拟绘图软件(如 Photoshop)中图层的功能，结合基本绘图功能绘制卡通头像，绘制完成的效果如图 6.19 所示。

例 6.16：绘制卡通头像

图 6.19　卡通头像绘制效果

（1）在页面上创建三个相同的画布对象，分别命名为"layer1""layer2""layer3"，其他设置完全一致，具体代码如下：

```
<canvasid="layer1" width="400" height="300" style="border:black 1px solid"></canvas>
<canvasid="layer2" width="400" height="300" style="border:black 1px solid"></canvas>
<canvasid="layer3" width="400" height="300" style="border:black 1px solid"></canvas>
```

默认情况下，这三个画布对象并列显示在页面上，在后续步骤中会对三者进行重叠。

（2）此例中大量运用椭圆来绘制卡通的相关部位，Canvas 并不提供绘制椭圆的方法，这里自定义一个绘制椭圆的函数。这里绘制椭圆的方法是对圆压缩，因此用到了前面提到的 scale()方法。

Ellipse()函数用于绘制带有边框的椭圆，边框的颜色与填充的颜色可以不一致，其中 x 和 y 为中心坐标，a 和 b 为椭圆的长轴和短轴，fcolor 为填充颜色，scolor 为边框颜色。EllipseArea()函数绘制没有边框的椭圆。

```
function Ellipse(context, x, y, a, b,fcolor,scolor)
{
    context.save();
    //选择 a 和 b 中的较大者作为 arc()方法的半径参数
    var r = (a > b) ? a : b;
    var ratioX = a / r;              //横轴缩放比率
    var ratioY = b / r;              //纵轴缩放比率
    context.scale(ratioX, ratioY);  //进行缩放(均匀压缩)
    context.beginPath();
    //从椭圆的左端点开始逆时针绘制
    context.moveTo((x + a) / ratioX, y / ratioY);
    context.arc(x / ratioX, y / ratioY, r, 0, 2 * Math.PI);
    context.closePath();
    context.strokeStyle =scolor;
    context.stroke();
    context.fillStyle =fcolor;
    context.arc(x / ratioX, y / ratioY, r, 0, 2 * Math.PI);
    context.fill();
    context.restore();
```

```
};
function EllipseArea(context, x, y, a, b,fcolor)
{
    context.save();
    //选择 a 和 b 中的较大者作为 arc()方法的半径参数
    var r = (a > b) ? a : b;
    var ratioX = a / r;              //横轴缩放比率
    var ratioY = b / r;              //纵轴缩放比率
    context.scale(ratioX, ratioY);  //进行缩放(均匀压缩)
    context.beginPath();
    //从椭圆的左端点开始逆时针绘制
    context.moveTo((x + a) / ratioX, y / ratioY);
    context.fillStyle =fcolor;
    context.arc(x / ratioX, y / ratioY, r, 0, 2 * Math.PI);
    context.fill();
    context.restore();
};
```

(3) 创建绘制卡通头像的函数 draw_bear()，具体代码如下：

```
function draw_bear(){
    var layer1 = document.getElementById("layer1");
    var ctx1 = layer1.getContext("2d");
    var layer2 = document.getElementById("layer2");
    var ctx2 = layer2.getContext("2d");
    var layer3 = document.getElementById("layer2");
    var ctx3 = layer2.getContext("2d");
    //定义画布的宽高与窗口大小一致
    layer1.style.position="absolute";
    layer2.style.position="absolute";
    layer3.style.position="absolute";
    var cW = layer1.width;
    //绘制小熊的耳朵
    Ellipse(ctx1, cW/2-85, 80, 60, 35,"#ff912a","#030303");
    Ellipse(ctx1, cW/2+85, 80, 60, 35,"#ff912a","#030303");
    Ellipse(ctx1, cW/2-80, 80, 50, 25,"#030303","#030303");
    Ellipse(ctx1, cW/2+80, 80, 50, 25,"#030303","#030303");
    //绘制小熊的脸部
    Ellipse(ctx1, cW/2, 160, 145, 105,"#ff912a","#030303");
    //绘制小熊的两只眼睛
    Ellipse(ctx1, cW/2-60, 110, 12, 20,"#030303","#030303");
    Ellipse(ctx1, cW/2+60, 110, 12, 20,"#030303","#030303");
    //在第二层上绘制小熊嘴部的白色区域
    EllipseArea(ctx2, cW/2, 160, 145, 105,"#ffffff");
    //设置组合方式
```

```
        ctx2.globalCompositeOperation="source-in";
        EllipseArea(ctx2, cW/2, 240, 110, 100,"#ffffff");
        //重新设置组合方式为默认的覆盖模式
        ctx3.globalCompositeOperation="source-over";
        //绘制小熊的鼻子
        EllipseArea(ctx3, cW/2, 145, 35, 15,"#030303");
        //绘制小熊的嘴巴
        ctx3.beginPath();
        ctx3.arc(cW/2, 145, 50, 0.1* Math.PI, 0.9 * Math.PI);
        ctx3.moveTo(cW/2, 155);
        ctx3.lineTo(cW/2, 195);
        ctx3.stroke();
    }
```

在绘制小熊头像时，用三个画布对象模拟图层的方式实现叠加。默认状态下，三个画布是并排排列的，并没有重叠在一起，为了让三个画布对象重叠起来，需要对它们的相关属性进行设置。画布对象的 style.position 用于设置画布的位置，在这里将其设置为 absolute，就可以将三个画布对象重叠在一起。

```
    layer1.style.position="absolute";
    layer2.style.position="absolute";
    layer3.style.position="absolute";
```

小熊头像的耳朵、脸和眼睛在第一个画布对象中(可以认为是最底层的图层)，各图形之间按照先后顺序进行覆盖，位置关系比较简单，组合模式按照默认模式即可。

小熊嘴部的白色区域其实由两个椭圆组合而成，采用 source-in 的组合模式。之所以将其单独放在一个画布对象中，是由于采用 source-in 的组合模式后，在画布中绘制的其他图形都被清除，因此将其放在单独的画布对象中。

(4) 最后，在脚本的后面加一句窗口加载时调用绘制函数的代码。

```
    window.onload=draw_bear;
```

6.2.2 制作小游戏

在网页游戏制作领域，HTML5+JavaScript 已经完全代替 Flash 的地位，并且已经有针对游戏开发的 JavaScript 框架或函数库可以利用。本节通过一个小游戏介绍 HTML5+JavaScript 在游戏制作中的应用。

例 6.17：转盘抽奖小游戏

游戏的初始画面如图 6.19 所示，在单击圆盘后，圆盘旋转并随机停到某个位置，如图 6.20 所示，指针指向中奖区域。程序分以下几个步骤完成：

(1) 定义画布对象，在<body>标签中定义 Canvas 对象，在其单击事件中指明单击画布时调用的函数，具体代码如下：

```
<canvas id="wheels" width="500" height="500" onclick="hit();"></canvas>
```

(2) 编写游戏脚本，这分几个函数来实现。首先初始化游戏数据，具体代码如下：

```
var colors = ["#B8D430", "#2E2C75", "#673A7E", "#CC0071", "#F80120","#F35B20", "#FB9A00",
"#FFCC00"];
var restaraunts = ["10M 流量", "100M 流量", "300M 流量", "谢谢参与","再来一次", "3 元话费", "5
元话费", "10 元话费"];
var startAngle = 0;
var arc = Math.PI / 4;
var spinTimeout = null;
var spinArcStart = 10;
var spinTime = 0;
var spinTimeTotal = 0;
var ctx;
```

在初始化过程中，将转盘中的数据和转盘各部分的颜色值存储在数组中，定义转盘
的初始角度为 0，设置 8 个区域，因此每段弧的度数为八分之一圆周，即 Math.PI / 4。

(3) 定义绘制圆盘的函数，具体代码如下：

```
function draw() {
    var canvas = document.getElementById("wheels");
    if (canvas.getContext) {
        var outsideRadius = 200;
        var textRadius = 160;
        var insideRadius = 100;
        ctx = canvas.getContext("2d");
        ctx.clearRect(0,0,500,500);
        ctx.strokeStyle = "black";
        ctx.lineWidth = 2;
        ctx.font = 'bold 18px sans-serif';
        for(var i = 0; i < 8; i++) {
            var angle = startAngle + i * arc;
            ctx.fillStyle = colors[i];
            ctx.beginPath();
            ctx.arc(250, 250, outsideRadius, angle, angle + arc, false);
            ctx.arc(250, 250, insideRadius, angle + arc, angle, true);
            ctx.stroke();
            ctx.fill();
            ctx.save();
            ctx.shadowOffsetX = -1;
            ctx.shadowOffsetY = -1;
            ctx.shadowBlur      = 0;
            ctx.shadowColor     = "rgb(220,220,220)";
            ctx.fillStyle = "black";
```

```
            ctx.translate(250 + Math.cos(angle + arc / 2) * textRadius, 250 +
                Math.sin(angle + arc / 2) * textRadius);
            ctx.rotate(angle + arc / 2 + Math.PI / 2);
            var text = restaraunts[i];
            ctx.fillText(text, -ctx.measureText(text).width / 2, 0);
            ctx.restore();
            }
            //Arrow
            ctx.fillStyle = "black";
            ctx.beginPath();
            ctx.moveTo(250 - 10, 250 - (outsideRadius + 5));
            ctx.lineTo(250 + 10, 250 - (outsideRadius + 5));
            ctx.lineTo(250 , 290 - (outsideRadius - 5));
            ctx.fill();
            }
    }
```

(4) 定义旋转圆盘的函数。

圆盘的旋转由三个函数完成：rotateWheel()函数用来旋转，stopRotateWheel()函数用来停止旋转，easeOut()函数用于擦除上一个画面。

```
function rotateWheel() {
    spinTime += 30;
    if(spinTime >= spinTimeTotal) {
        stopRotateWheel();
        return;
    }
    varspinAngle = spinAngleStart - easeOut(spinTime, 0, spinAngleStart,
    spinTimeTotal);
    startAngle += (spinAngle * Math.PI / 180);
    draw();
    spinTimeout = setTimeout('rotateWheel()', 30);
}
function stopRotateWheel() {
    clearTimeout(spinTimeout);
    var degrees = startAngle * 180 / Math.PI + 90;
    var arcd = arc * 180 / Math.PI;
    var index = Math.floor((360 - degrees % 360) / arcd);
    ctx.save();
    ctx.font = 'bold 30px sans-serif';
    var text = restaraunts[index]
    ctx.fillText(text, 250 - ctx.measureText(text).width / 2, 250 + 10);
    ctx.restore();
}
function easeOut(t, b, c, d) {
```

```
        var ts = (t/=d)*t;
        var tc = ts*t;
        return b+c*(tc + -3*ts + 3*t);
    }
```

(5) 定义单击函数。

当用户单击画布时，调用 hit()函数，随机产生旋转角度，并计算相应的旋转时间，最后调用旋转圆盘的函数进行旋转。

```
function hit() {
    spinAngleStart = Math.random() * 10 + 10;
    spinTime = 0;
    spinTimeTotal = Math.random() * 3 + 4 * 1000;
    rotateWheel();
}
```

(6) 添加窗口加载时调用绘制函数的代码。

```
window.onload=draw;
```

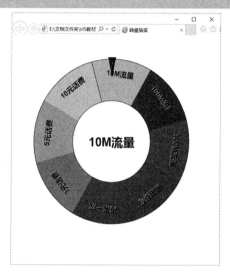

图 6.20 游戏开始画面   图 6.21 随机停留到某个位置

6.3 HTML5 的其他应用

HTML5 很多新的特性和功能是针对互联网发展过程中用户的需求增加进来的，除了前面介绍的画布功能之外，音频和视频的嵌入功能、本地数据和地理数据的应用都很大程度上丰富了 HTML5 的应用。

1. 嵌入音频和视频

在互联网上，音频与视频的使用非常频繁，尤其近些年视频网站、视频直播火爆异常，因此在网页上嵌入音频和视频就成为网页设计中非常常用的手段。在 HTML5 以前，在网页中插入音频或视频往往需要借助插件来实现。在 HTML5 中引入了新的方法，能够在网页中不借助其他插件插入音频和视频。

HTML5 通过<audio>标签实现了通过浏览器播放音频，通过<video>标签实现了对视频的嵌入和播放。

例 6.18：插入音频

```
<audio src="media/For Elise.mp3" controls="controls">
你的浏览器不支持音频播放！
</audio>
```

<audio>标签的 src 属性指明音频文件的位置和名称，controls 属性用于添加播放、暂停和音量控件，预览效果如图 6.22 所示，不同浏览器的播放界面差别较大。

图 6.22　<audio>标签示例

除了上面介绍的两个属性，<audio>标签还有三个属性：autoplay="autoplay"用于设置音频准备就绪后就自动进行播放；loop="loop"用于设置音频循环播放；preload="preload"表示音频在页面加载时进行加载，并预备播放，如果使用 "autoplay"，则忽略该属性。

目前 HTML5 支持的音频文件格式有 MP3、Ogg Vorbis 和 WAV，不同的浏览器对其支持也不一样，随着浏览器的不断发展，支持的格式也会越来越多。

与对音频支持的情况类似，不同的浏览器对不同视频格式文件的支持也存在差异，目前支持的三种视频格式为 Ogg、MPEG 4 和 WebM。值得注意的是，对于 MPEG 4 格式来说，不同的压缩编码算法，浏览器的支持也存在差别。

例 6.19：插入视频(预览效果如图 6.23 所示)

```
<video src="media/movie.mp4" width="320" height="240" controls="controls">
你的浏览器不支持音频播放！
</video>
```

<video>标签的属性与<audio>标签的属性相似，也有 autoplay、loop 和 preload 属性，比<audio>标签多 width 和 height 两个属性，用于设置视频在页面中的宽度和高度。

图 6.23   <video>标签示例

2. 客户端数据的使用

HTML5 新增加的操作客户端数据的功能为开发者实现 Web 应用程序的离线使用提供了解决方案。以前的 Web 应用程序或者网站在对客户端数据进行存储时都是采用 cookie，其较差的安全性和易用性都给 Web 应用程序的开发和使用带来不少麻烦。

HTML5 为用户提供了存储客户端数据的新方式：Web Storage(loacalStorage 和 sessionStroage)和 Web SQL Databases。这两种方式都具有使用简单且安全性高的优点。Web SQL Databases 已经作为独立的标准，这里主要介绍 loacalStorage 和 sessionStroage 的基本用法。

localStorage 也叫本地存储，sessionStorage 也叫会话存储，两种存储的基本操作一样，不同之处在于两者之间在持久性和范围上的区别。

localStorage 能够长期保存数据，数据的存储不会受到浏览器窗口关闭的影响，保存的数据也可用于所有同源网页或窗口的加载。即用户重新打开浏览器，访问相同域名，并且协议和端口一致的网址，将仍然能够访问 localStorage 存储的数据。sessionStorage 只存储当前页面或窗口对象中的数据，也就是 Web 开发中常说的一个会话周期。当浏览器窗口关闭后，数据将不会被保存。

例 6.20：测试浏览器能否支持本地存储

```
<!doctype html>
<html>
<head>
<meta charset="utf-8">
<title>本地存储</title>
<script>
if(window.localStorage){
    document.write('浏览器支持 localStorage');
}else{
    document.write('浏览器不支持 localStorage');
}
</script>
</head>
<body>
```

```
</body>
</html>
```

本地存储对数据的存储以字符串数据(通常是键值对方式，如 name:"Tom")方式存储在文件中。对数据的操作可以使用四个方法，也可以采用属性的方式来操作。

setItem()方法用于设置存储数据，getItem()方法用于获取数据，removeItem()方法用于删除指定的键值对，clear()方法用于清空存储的数据。

例 6.21：本地数据操作方式

```
<!doctype html>
<html>
<head>
<meta charset="utf-8">
<title>本地存储</title>
<script>
        //通过方法操作数据
        localStorage.setItem(name,'Tom');
        document.write(localStorage.getItem(name));
        //通过属性操作本地数据
        localStorage.age='24';
        document.write(localStorage.age);
</script>
</head>
<body>
</body>
</html>
```

以上代码的运行结果如图 6.24 所示。

图 6.24　浏览器设置允许运行脚本

其他方法的用法参照以下代码：

```
localStroage.removeItem('name');
localStroage.clear();
delete localStorage.age;
```

3. 地理数据

HTML5 为了对移动应用提供更好的支持，增加了处理地理位置的功能。可通过 getCurrentPosition()方法获得用户的位置，其返回值为用户位置的经度和纬度。在多数情况下，在 PC 端无法直接使用该方法。

6.4 本章小结

本章主要介绍了 HTML5 的一些高级应用，重点介绍了 HTML5 画布的相关概念和应用。为了在画布上实施绘图，通过示例讲解了通过 JavaScript 脚本在画布上绘制各种基本图形的方法。通过折线图、饼图等综合应用进一步讲解其应用，同时讲解了 jQuery、Three.js 等框架的使用。最后介绍了 HTML5 中音频、视频与本地存储的应用。

6.5 课后训练

1. 利用 HTML5 画布绘制奥运五环标志。
2. 参考绘制折线图的示例绘制课程成绩分布折线图，数据如表 6.2 所示。

表 6.2　课程成绩分布

成绩区段	人数
90 分以上	10
80 分～90 分	26
70 分～80 分	23
60 分～70 分	15
60 分以下	3

第7章 Bootstrap的应用

Bootstrap 是当前非常流行的用于快速开发 Web 应用程序和网站的前端框架。在目前的 Web 开发中，在前端将 HTML、CSS 和 JavaScript 三种技术结合在一起以实现友好的用户界面的趋势下，该框架实质上是一套集成了这三种技术的工具包，是对三者进行合理整合后形成的综合性框架，并且不同于单纯的 JavaScript 框架。

7.1 Bootstrap 简介

7.1.1 Bootstrap 的发展历史和组成

1. Bootstrap 的发展历史

Bootstrap 是由 Twitter 公司的 Mark Otto 和 Jacob Thornton 主导建立的开源项目，是用于 Web 应用开发的前端工具包，于 2011 年 8 月在 GitHub 上发布的。该工具包的创建目的是帮助设计师和开发人员快速有效地创建结构简单、性能优良、页面精致的 Web 应用程序。

Bootstrap 虽然发布时间不长，但是已经非常成熟，包括完整的 CSS 编译和非编译版本、样例模板和 JavaScript 插件等，并得到广泛推广。自 Bootstrap 3 起，强化了对移动设备的应用，对目前主流浏览器的支持非常优秀。截至目前，Bootstrap 已发展到包括几十个组件，并且已成为最流行的项目之一。

2. Bootstrap 的组成

Bootstrap 有几十个组件用于创建图像、下拉菜单、导航、警告框、弹出框等，这些组件既能照顾到设计层，也能考虑到开发层，拥有完善的组件和模板机制。其栅格结构的布局方式，很容易设计出质量高、风格统一的网页。所有这些组件都建立在 HTML、CSS 和 JavaScript 三项技术之上。

Bootstrap 是基于 HTML5 的最新技术。HTML5 灵活高效、简洁流畅的特点，再结合新增加的功能，使网页的语义性大大增加，更加有利于设计出美观的页面。

Bootstrap 的 CSS 是使用 Less 创建的 CSS，是新一代的动态 CSS。在设计过程中减少了 CSS 代码的使用量，提高了设计效率，便于阅读和理解，同时也便于提高浏览器的解析速度。

Bootstrap 的另一重要组成部分引入了优秀的 jQuery 框架以实现 JavaScript 功能的优化。在设计过程中可以方便地调用 jQuery 代码库中的各种方法来实现相应功能，而不用再次编写和开发相关功能的代码。

7.1.2　如何使用 Bootstrap

1. 安装 Bootstrap

Bootstrap 是一套完成 Web 应用前端设计与开发的工具包，在使用时需要将其主要组件或全部组件放置在 Web 应用的站点内，其目录结构如图 7.1 所示，包含三个目录，其中 CSS 目录中存放的是 Bootstrap 的样式文件，如图 7.2 所示。默认状态下，Bootstrap 的 js 目录中只包含 Bootstrap 的 JavaScript 文件，不包含 jQuery，因此在使用时需要将 jquery.min.js 文件复制到此目录，如图 7.3 所示。

这里介绍的目录结构是以 Bootstrap 3.7.7 编译后的版本，Bootstrap 也有源码包，可以从其官网上下载。

名称	修改日期	类型
css	2018/2/6 22:12	文件夹
fonts	2018/2/6 22:12	文件夹
js	2018/2/6 22:12	文件夹

图 7.1　目录结构

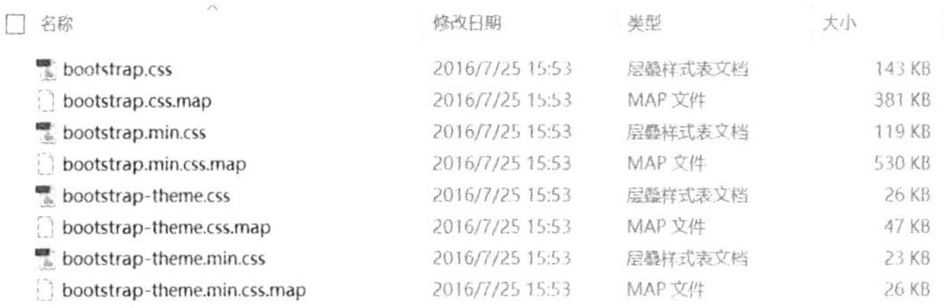

名称	修改日期	类型	大小
bootstrap.css	2016/7/25 15:53	层叠样式表文档	143 KB
bootstrap.css.map	2016/7/25 15:53	MAP 文件	381 KB
bootstrap.min.css	2016/7/25 15:53	层叠样式表文档	119 KB
bootstrap.min.css.map	2016/7/25 15:53	MAP 文件	530 KB
bootstrap-theme.css	2016/7/25 15:53	层叠样式表文档	26 KB
bootstrap-theme.css.map	2016/7/25 15:53	MAP 文件	47 KB
bootstrap-theme.min.css	2016/7/25 15:53	层叠样式表文档	23 KB
bootstrap-theme.min.css.map	2016/7/25 15:53	MAP 文件	26 KB

图 7.2　CSS 目录中的 CSS 文件

名称	修改日期
bootstrap.js	2016/7/25 15:53
bootstrap.min.js	2016/7/25 15:53
jquery.min.js	2015/6/16 15:16
npm.js	2016/7/25 15:53

图 7.3　js 目录中的 JavaScript 文件

2. 在页面中使用 Bootstrap

在页面中使用 Bootstrap 时，需要将其样式文件和 JavaScript 文件引入到页面中，引用的方式有两种：一种是引用在线的文件，另一种是引用本地的文件。以下代码采用了引用本地文件的方式，在引用 JavaScript 文件时要注意，先引用 jQuery 的 JavaScript 文件，再引用 Bootstrap 的 JavaScript 文件。

```
<link href="bootstrap/css/bootstrap.min.css" rel="stylesheet">
<script src="bootstrap/js/jquery.min.js"></script>
<script src="bootstrap/js/bootstrap.min.js"></script>
```

在引用 Bootstrap 后，网页其实已经具备 Bootstrap 的模板的所有特点了。在没有使用 Bootstrap 的各种类和组件之前，看不出与普通 HTML 页面的差别。在下面的示例中，在页面中加入容器类之后，页面中部出现了一块用于包裹页面内容的区域，且左右外边距跟随浏览器窗口的宽度变化，如图 7.4 所示。

例 7.1：使用 Bootstrap 的容器类

```
<!doctype html>
<html>
<head>
<meta charset="utf-8">
<title>Bootstrap 示例</title>
<link rel="stylesheet" href="bootstrap/css/bootstrap.min.css">
    <script src="bootstrap/js/jquery.min.js"></script>
    <script src="bootstrap/js/bootstrap.min.js"></script>
</head>
<body>
<div class="container">
    <p>第一个 Bootstrap 页面！   </p>
    <p> Bootstrap 是当前非常流行的用于快速开发 Web 应用程序和网站的前端框架。在目前的 Web 开发中，在前端将 HTML、CSS 和 JavaScript 三种技术结合在一起以实现友好的用户界面的趋势下，该框架实质上是一套集成了这三种技术的工具包，是对三者进行合理整合后形成的综合性框架，并且不同于单纯的 JavaScript 框架。</p>
</div>
</body>
</html>
```

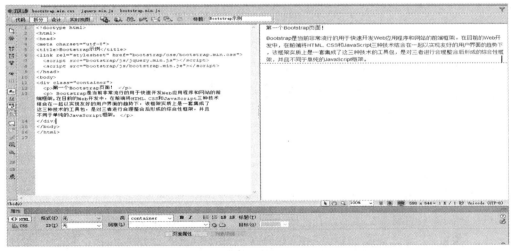

图 7.4　使用 Bootstrap 的容器类

7.2　Bootstrap 组织与排版

Bootstrap 对页面的组织采用类似于搭积木的方式实现了扁平化设计思想，更适合快速设计网页。在 Bootstrap 3 版本后，加入了移动设备优先的特点，由此开发的网站也更加适合移动设备使用。

7.2.1　Bootstrap 的网格系统

1. 网格系统

Bootstrap 的网格系统的实现初衷是为了能够针对多种不同终端设备(如手机、平板电脑、桌面电脑)设计统一的网站，而不需要对不同的设备开发不同的网站，从而减轻开发强度。

Bootstrap 的网格系统可以将页面的宽度方向最多分为 12 列，并能够提供一种响应机制，使得页面内容可以随着浏览宽度的变化而调整显示效果，进而适应显示设备。这种响应式网格系统随着屏幕或视口(viewport)尺寸的增加，系统会自动分为最多 12 列，原理示意图如图 7.5 所示。

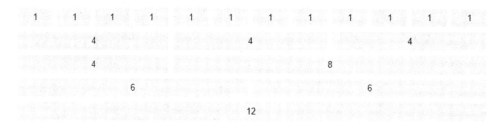

图 7.5　Bootstrap 网格系统示意图

Bootstrap 的网格系统有些类似于表格结构。首先，整个网格系统由行(.row)和列(.column)组成，行必须包含在容器(.container)中，而列则必须包含在行中，且列的总数之和不能超过总列数 12，具体的内容则必须放置在列中。列的类名以 col-lg-x、col-md-x、col-xs-x 等命名，x 为数字，可以是 1 到 12。

下面的示例在网格系统的容器中定义了两行，在第一行里放置了两列，一列占 4 份，另一列占 8 份；第二行为三列，各占 4 份，预览效果如图 7.6 所示。当浏览器窗口缩小时，布局会发生重新排列，如图 7.7 所示。

例 7.2：创建简单的网格布局

(1) 在创建 HTML5 文件后，在<head>标签内部引用 Bootstrap 的主要文件。

(2) 在<body>标签内添加一对<div>标签，为其设置 class="container"。

(3) 在该<div>内部再添加两对<div>标签，为其设置 class="row"，也就是添加网格中的行。

(4) 分别在两行内添加列，为上面一行定义了两列，左边列的占 4 份，右边列的占 8 份，代码如下：

```
<div class="col-md-4">col-md-4</div>
<div class="col-md-8">col-md-8</div>
```

将下面一行平分为三份，代码如下：

```
<div class="col-md-4">col-md-4</div>
<div class="col-md-4">col-md-4</div>
<div class="col-md-4">col-md-4</div>
```

完整代码如下所示：

```
<!doctype html>
<html>
<head>
<meta charset="utf-8">
<title>Bootstrap 示例</title>
<link rel="stylesheet" href="bootstrap/css/bootstrap.min.css">
    <script src="bootstrap/js/jquery.min.js"></script>
    <script src="bootstrap/js/bootstrap.min.js"></script>
</head>
<body>
<div class="container">
 <div class="row">
  <div class="col-md-4">col-md-4</div>
    <div class="col-md-8">col-md-8</div>
    </div>
<div class="row">
  <div class="col-md-4">col-md-4</div>
    <div class="col-md-4">col-md-4</div>
    <div class="col-md-4">col-md-4</div>
</div>
</div>
</body>
</html>
```

图 7.6　网格布局示例

图7.7 浏览器窗口缩小后的效果

Bootstrap 的列可以通过设置其内边距(padding)来创建列内容之间的间隙，该内边距通过对.rows 上的外边距(margin)取负，来表示第一列和最后一列的行偏移。

Bootstrap 中的媒体查询允许基于视口大小移动、显示并隐藏内容。表 7.1 列出了在 Less 文件中使用媒体查询时对设备的分类，用来创建 Bootstrap 网格系统中关键的分界点阈值。媒体查询有两个部分，首先是设备规范，然后是大小规则。有时候也会在媒体查询代码中包含 max-width，从而将 CSS 的影响限制在更小范围的屏幕大小之内。

```
@media (max-width: @screen-xs-max) { ... }
@media (min-width: @screen-sm-min) and (max-width: @screen-sm-max) { ... }
@media (min-width: @screen-md-min) and (max-width: @screen-md-max) { ... }
@media (min-width: @screen-lg-min) { ... }
```

表 7.1 网格系统对设备的分类

设备分类 分界点阈值	超小设备手机 (<768px)	小型设备 平板电脑(≥768px)	中型设备 台式电脑(≥992px)	大型设备 台式电脑(≥1200px)
网格行为	一直是水平	以折叠开始,断点以上是水平的	以折叠开始,断点以上是水平的	以折叠开始,断点以上是水平的
最大容器宽度	none(auto)	750px	970px	1170px
Class 前缀	.col-xs-	.col-sm-	.col-md-	.col-lg-
列数量和	12	12	12	12
最大列宽	auto	60px	78px	95px
间隙宽度	30px	30px	30px	30px
可嵌套	Yes	Yes	Yes	Yes
偏移量	Yes	Yes	Yes	Yes
列排序	Yes	Yes	Yes	Yes

例7.3：个人简历页面的制作

(1) 除了在<hcad>标签中引用 Bootstrap 的相关文件之外，需要添加下面一行代码：

```
<meta name="viewport" content="width=device-width, initial-scale=1">
```

上述代码用于定义窗口的适应性，也就是窗口大小随着设备变化的同时，页面也会跟着适应变化。

(2) 在<body>标签内,所有内容都包含在 class="container"的<div>中,内容分为两部分：

第一部分<div class="jumbotron">……</div>用于显示姓名和求职意向。

第二部分为 Bootstrap 的行<div class="row">，在其内部定义了三个列，分别用于显示"基本信息""学习经历"和"技能特长"。

(3) 详细代码如下，预览效果如图 7.8 和图 7.9 所示。

```html
<!DOCTYPE html>
<html>
<head>
  <title>Bootstrap 实例</title>
  <meta charset="utf-8">
  <meta name="viewport" content="width=device-width, initial-scale=1">
  <link rel="stylesheet" href="bootstrap/css/bootstrap.min.css">
  <script src="bootstrap/js/jquery.min.js"></script>
  <script src="bootstrap/js/bootstrap.min.js"></script>
</head>
<body>
<div class="container">
  <div class="jumbotron">
    <h1>苏三</h1>
    <p>求职意向：网站设计师 全职 西安</p>
  </div>
  <div class="row">
    <div class="col-sm-4">
      <h3>基本信息</h3>
      <p>1995/03/12</p>
      <p>陕西省西安市</p>
      <p>13013913313</p>
      <p>susan@123.com</p>
    </div>
    <div class="col-sm-4">
      <h3>学习经历</h3>
      <p>2014.9-2017.7 陕西工业职业技术学院</p>
      <p>计算机网络技术专业</p>
      <p>主修课程：计算机应用基础、网络基础、网页设计、PHP 网站开发、Linux 系统管理、
局域网技术、Photoshop</p>
    </div>
    <div class="col-sm-4">
      <h3>技能特长</h3>
      <p>熟练掌握 Photoshop</p>
      <p>精通 HTML5、CSS3 网页设计</p>
      <p>精通网站管理与维护</p>
    </div>
  </div>
</div>
```

```
    </body>
    </html>
```

图 7.8　浏览器窗口较大时的预览效果　　图 7.9　浏览器窗口较小时的预览效果

Bootstrap 的网格可以实现列的嵌套，即在已经创建的列中再创建若干列，从而形成更为复杂的布局结构。同时，Bootstrap 网格系统还提供了一种非常实用的功能，可以对每一列进行编号，在页面上，将会按照编号的顺序显示列的顺序，能够更灵活和方便地安排每一列的位置。需要对列排序时，可以使用.col-md-push-* 和 .col-md-pull-* 类的内置网格列。

例 7.4：网格嵌套

(1) 在上一示例的基础上，在"学习经历"和"技能特长"两个 Div 的外层添加一个新的网格 class col-sm-8，与基本信息构成 12 格，代码如下：

```
<div class="col-sm-8">
…
</div>
```

(2) 在"技能特长"后添加一个新的 Div 并设置其 class 为 col-sm-4，与前两个构成 12 格。

(3) 分别对"学习经历""技能特长"和"获奖情况"的样式进行设置，修改背景色、边框与高度等，具体代码如下：

```
<div class="col-sm-4" style="background-color: #dedef8;box-shadow: inset 1px -1px 1px #444, inset -1px 1px 1px #444;height:220px">
    <div class="col-sm-4" style="background-color: #ccc;box-shadow: inset 1px -1px 1px #444, inset -1px 1px 1px #444;height:220px">
```

```
<div class="col-sm-4" style="background-color: #dedef8;box-shadow: inset 1px -1px 1px #444, inset
-1px 1px 1px #444;height:220px">
```

设置完成后，在较大浏览器窗口中的显示效果如图 7.10 所示，在较小浏览器窗口中的显示效果如图 7.11 所示。

图 7.10　在较大窗口中的显示效果

图 7.11　在较小窗口中的显示效果

2. 文字排版

Bootstrap 的文字排版在 HTML 的基础上进行了一些规划，加入了一些非常实用的功能，如副标题、强调文本、字体图标等。Bootstrap 使用 Helvetica Neue、Helvetica、Arial 和 sans-serif 作为默认的字体栈，但没有默认的中文字体。

(1) 标题

Bootstrap 中定义了所有 HTML 标题(H1 到 H6)的样式，并且与 HTML 标题保持一致，同时 Bootstrap 提供了内联自标题，也称为副标题。在标准标题内使用<small>标签或者添加.small class，就能得到字号更小、颜色更浅的文本。

例 7.5：添加副标题

在上一个示例的基础上将"苏三"和"求职意向：…"等文字改为标题 1；在"求职意向：…"前后添加<small></small>标签，预览效果如图 7.12 所示。

```
<h1>苏三<small>
   求职意向：网站设计师 全职 西安</small></h1>
```

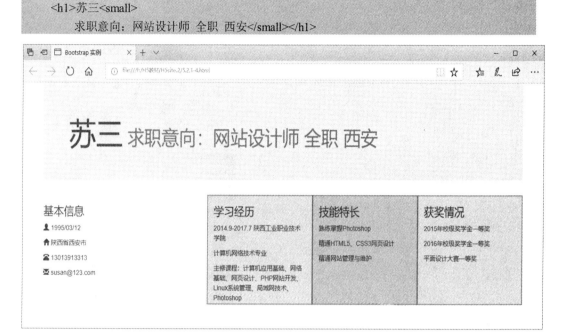

图 7.12　副标题

(2) 强调文本

为了给段落添加强调文本，可以添加 class="lead"，这将得到更大更粗、行高更高的文本。

(3) 字体图标

Bootstrap 提供了一种字体图标(Glyphicons)。在安装 Bootstrap 时，字体图标安装在 font 目录中。在使用字体图标时，可以在需要添加图标的地方先插入一个<span>标签，然后根据需要添加 glyphicon 类，并给出图标的名称，如下所示，在图标和文本之间保留适当的空间：

```
<span class="glyphicon glyphicon-search"></span>
```

例 7.6：为"基本信息"添加字体图标

在"基本信息"下面每一段文字前添加一对<span></span>标签，并依次添加字体图标类和图标名称，具体代码如下：

```
<p><span class="glyphicon glyphicon-user"></span> 1995/03/12</p>
<p><span class="glyphicon glyphicon-home"></span> 陕西省西安市</p>
<p><span class="glyphicon glyphicon-phone-alt"></span> 13013913313</p>
<p><span class="glyphicon glyphicon-envelope"></span> susan@123.com</p>
```

在浏览器中预览后，可以看到每段信息前出现了不同样式的图标，如图 7.13 所示。

基本信息

👤 1995/03/12

🏠 陕西省西安市

☎ 13013913313

✉ susan@123.com

图 7.13　字体图标

（4）列表

Bootstrap 支持有序列表、无序列表和定义列表，与 HTML 中的列表一致，但 Bootstrap 提供了更多类，用于修饰各种列表，例如：.list-unstyled 移除无序列表开头的着重号，.list-inline 把所有的列表项放在同一行中，.dl-horizontal 可以让 <dl> 内的短语及其描述排在一行。开始时，像 <dl> 的默认样式堆叠在一起，随着导航条的逐渐展开而排列在一行。

（5）其他排版类

除了以上常用的排版类之外，Bootstrap 还提供很多其他很多用于排版的类，如表 7.2 所示。

表 7.2　Bootstrap 的其他排版类

类名	描述
.lead	使段落突出显示
.small	设定小文本(设置为父文本的 85%大小)
.text-left	设定文本左对齐
.text-center	设定文本居中对齐
.text-right	设定文本右对齐
.text-justify	设定文本对齐，段落中超出屏幕部分的文字自动换行
.text-nowrap	段落中超出屏幕部分的文字不换行
.text-lowercase	设定文本小写
.text-uppercase	设定文本大写
.text-capitalize	设定单词首字母大写
.initialism	显示在<abbr>元素中的文本以小号字体展示，且可以将小写字母转换为大写字母
.blockquote-reverse	设定引用右对齐
.list-unstyled	移除默认的列表样式，列表项左对齐(在<ul>和<ol>中)。这个类仅适用于直接子列表项(如果需要移除嵌套的列表项，需要在嵌套的列表中使用该样式)
.list-inline	将所有列表项放在同一行
.dl-horizontal	该类设置了浮动和偏移并应用于<dl>和<dt>元素中，具体实现可以查看实例
.pre-scrollable	使<pre>元素可滚动，代码块区域的最大高度为 340px，一旦超出这个高度，就会在 Y 轴出现滚动条

3. 表格

Bootstrap 提供了多种风格的表格布局，以支持 HTML 的表格元素：<table>、<thead>、

<tbody>、<tr>、<td>、<th>、<caption>等。Bootstrap 也针对这些表格元素提供相应的类，以对表格进行样式设置，这些类详见表 7.3。

表 7.3　Bootstrap 提供的表格样式

类名	描述	针对标签
.table	为任意<table>元素添加基本样式(只有横向分隔线)，被称为基本表格	<table>
.table-striped	在<tbody>内添加斑马线形式的条纹(IE8 不支持)，被称为条纹表格	<table>
.table-bordered	为所有表格的单元格添加边框，被称为边框表格	<table>
().table-hover	在<tbody>内的任意一行启用鼠标悬停状态，被称为悬停表格	<table>
.table-condensed	行内边距(padding)被切为两半，以便让表格看起来更紧凑，也被称为精简表格	<table>
.active	针对某个特定的行或单元格应用悬停颜色	<tr> <th> <td>
.success	表示成功的操作动作	<tr> <th> <td>
.info	表示信息变化的操作动作	<tr> <th> <td>
.warning	表示警告的操作动作	<tr> <th> <td>
.danger	表示危险的操作动作	<tr> <th> <td>

例 7.7：应用 Bootsrap 的各种表格样式

图 7.14 为从基本表格至精简表格的预览图，在<table>标签中设置 Bootstrap 样式，相应设置的主要代码如下所示：

```
<table class="table">
  <caption>
    基本表格
  </caption>
……
<table class="table table-striped">
  <caption>
    条纹表格
  </caption>
……
<table class="table table-bordered">
  <caption>
    边框表格
  </caption>
……
<table class="table table-hover">
  <caption>
    悬停表格
  </caption>
```

```
<table class="table table-condensed">
    <caption>
        精简表格
    </caption>
    ……
```

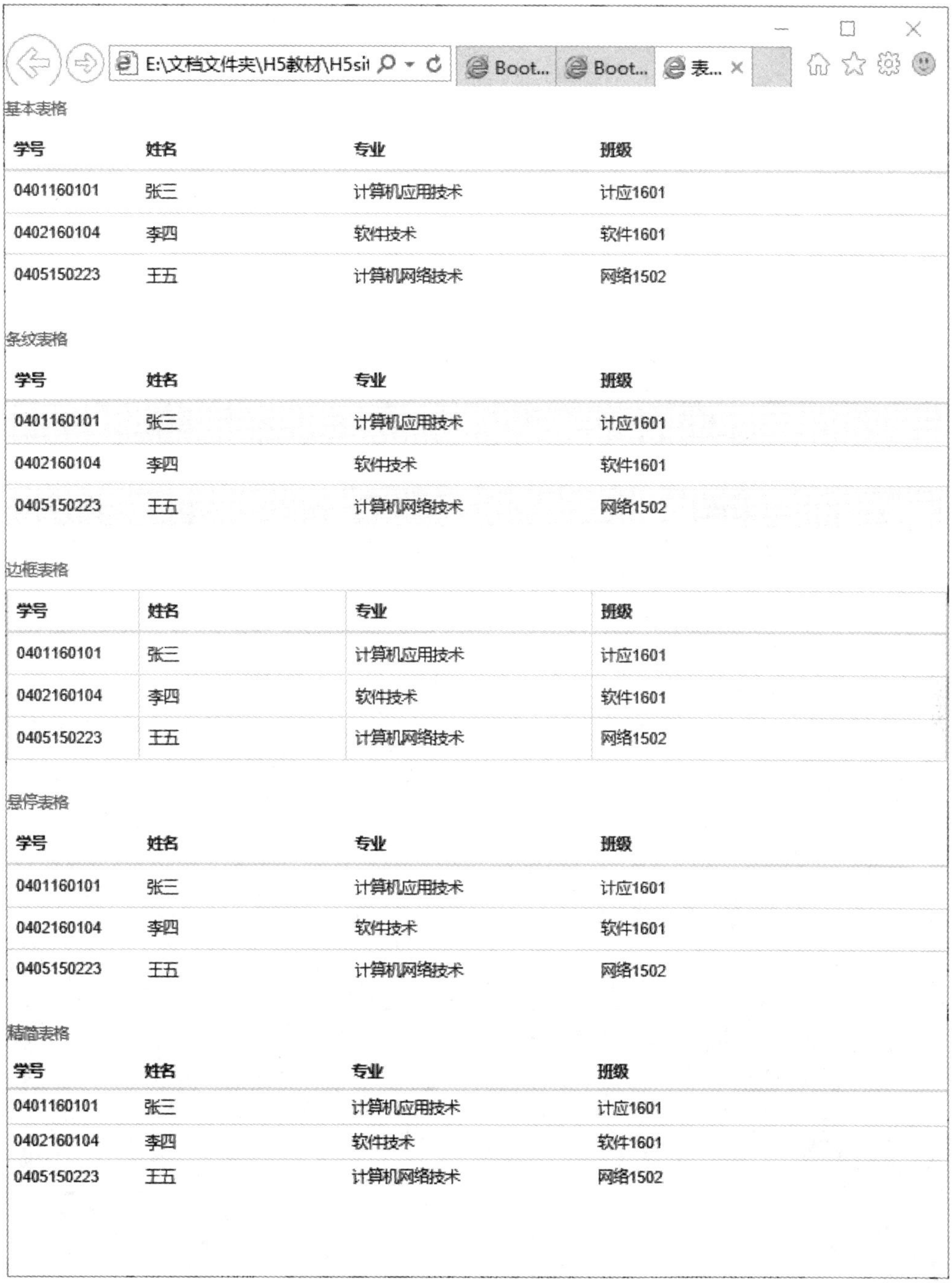

图 7.14　Bootstrap 表格样式示例

例 7.8：Bootstrap 表格的上下文样式

图 7.15 中，上面的表格为标准 Bootstrap 表格，下面的是在为<tr>标签设置了上下文样式后的表格，不同含义操作的行具有不同的样式，主要代码如下：

```
<tbody>
    <tr class="active">
        <td>0401160101</td>
        <td>张三</td>
        <td>计算机应用技术</td>
        <td>计应 1601</td>
        <td>正常  </td>
    </tr>
    <tr class="warning">
        <td>0402160104</td>
        <td>李四</td>
        <td>软件技术</td>
        <td>软件 1601</td>
        <td>学分警告</td>
    </tr>
    <tr class="success">
        <td>0405150223</td>
        <td>王五</td>
        <td>计算机网络技术</td>
        <td>网络 1502</td>
        <td>毕业</td>
    </tr>
    <tr class="danger">
        <td>0403170110</td>
        <td>赵六</td>
        <td>信息管理</td>
        <td>信管 1701</td>
        <td>退学</td>
    </tr>
    <tr class="info">
        <td>0404150208</td>
        <td>钱七</td>
        <td>数字媒体</td>
        <td>数媒 1502</td>
        <td>休学</td>
    </tr>
</tbody>
```

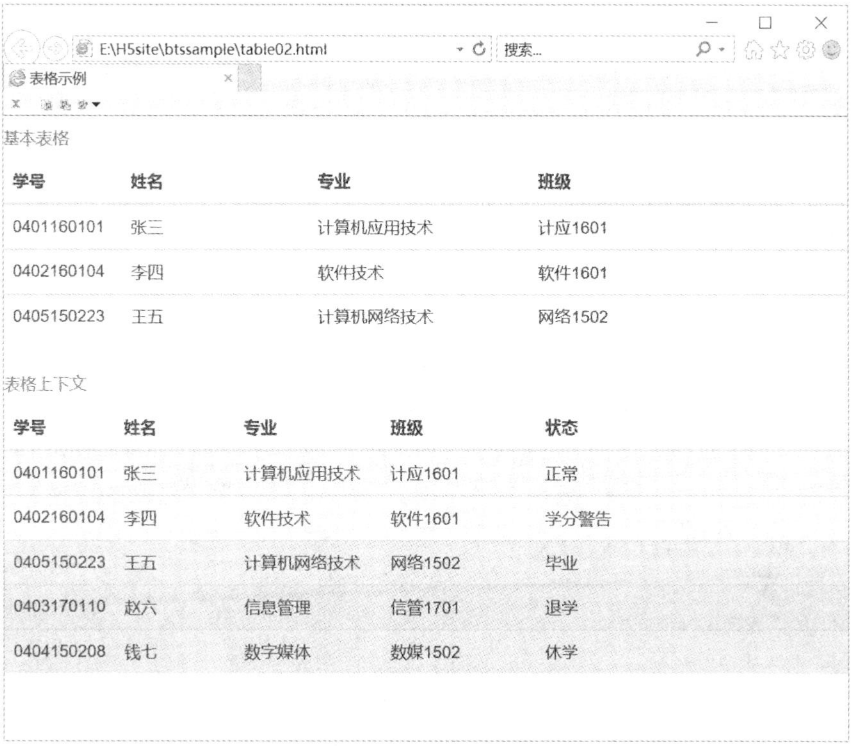

图 7.15　带上下文样式的表格

通常情况下，Bootstrap 的表格都可以随着浏览器窗口的变化而变化，这在大型的显示设备上非常有利，但一旦页面在小型的显示设备(宽度小于 768px)上显示时，就会出现问题。因此，Bootstrap 提供了一种叫作响应式表格的样式。该样式的类为 .table-responsive，通常出现在<div>标签中，并包含任意的含有.table 类的表格。当在宽度大于 768px 的大型设备上显示时，两种表格没有任何差别。当小于该宽度时，标准表格单元格内的文字会受挤压换行，而响应式表格则不会发生该情况，如图 7.16 所示，上面的表格是 Bootstrap 的标准表格，下面是 Bootstrap 的响应式表格。

响应式表格的主要代码如下：

```
<div class="table-responsive">
<table class="table">
  <caption>
    基本表格
  </caption>
  <thead>
  <tr>
    <th width="14%" scope="col">学号</th>
    <th width="22%" scope="col">姓名</th>
    <th width="26%" scope="col">专业</th>
    <th width="38%" scope="col">班级</th>
  </tr>
  </thead>
```

```
    <tbody>
    <tr>
      <td>0401160101</td>
      <td>张三</td>
      <td>计算机应用技术</td>
      <td>计应 1601</td>
    </tr>
    <tr>
      <td>0402160104</td>
      <td>李四</td>
      <td>软件技术</td>
      <td>软件 1601</td>
    </tr>
    <tr>
      <td>0405150223</td>
      <td>王五</td>
      <td>计算机网络技术</td>
      <td>网络 1502</td>
    </tr>
    </tbody>
  </table>
</div>
```

图 7.16　Bootstrap 的标准表格和响应式表格

4. 图像

Bootstrap 对图片的显示在 HTML 的基础上进行了一定的扩展。Bootstrap 提供以下可对图片应用简单样式的类：

- .img-rounded：添加 border-radius:6px 来获得图片圆角。
- .img-circle：添加 border-radius:50% 来让整个图片变成圆形。
- .img-thumbnail：添加一些内边距(padding)和一条灰色的边框。

例 7.9：Bootstrap 图像样式

(1) 在页面中将同一图片插入三次，如图 7.17 所示。

图 7.17　插入图片

(2) 依次选中图片，并在"属性"面板中设置图像的"类"为"img-rounded""img-circle"和"img-thumbnail"，如图 7.18 所示，相应代码如下所示：

```
<img src="images/tea.png" class="img-rounded">
<img src="images/tea.png" class="img-circle">
<img src="images/tea.png" class="img-thumbnail">
```

图 7.18　设置图片所属类

(3) 预览效果如图 7.19 所示。

图 7.19　图片效果

Bootstrap 提供了一种响应式的图片(.img-responsive 类)，设置成这种样式的图片可以根据浏览器窗口宽度的缩小而缩小，引入类的代码如下：

```
<img src="libai.jpg" class="img-responsive" alt="libai">
```

图 7.20 中，左侧图为窗口宽度大于图片宽度时，将显示图片的原始尺寸；右侧图为当窗口宽度小于图片宽度时，图片为适应窗口而缩小后的效果。

图 7.20　响应式图片

5. 轮播

轮播是目前网站首页中较为常用的一种展示手段，Bootstrap 通过轮播插件(Carousel)提供该功能，创建起来非常简单。Bootstrap 轮播插件的内容可以是图像、内嵌框架、视频或者其他任何类型的内容。

例 7.10：简单幻灯片轮播效果

轮播代码主要包含三部分：

(1) 首先添加一对<div>标签用于装载轮播的内容，并且需要在该标签中添加 class="carousel slide"，用于引用轮播插件。

在刚才创建的<div>中添加一个列表(这里使用有序列表<ol>)，并添加 class="carousel slide"用于设置轮播指标，类似于索引。

```
<div id="myCarousel" class="carousel slide">
    <ol class="carousel-indicators">
        <li data-target="#myCarousel" data-slide-to="0" class="active"></li>
        <li data-target="#myCarousel" data-slide-to="1"></li>
        <li data-target="#myCarousel" data-slide-to="2"></li>
    </ol>
```

(2) 第二部分是轮播项目，class 设置为 carousel-inner 的 Div 包含了轮播图片，每一张图片都要放在一个单独的<div>中，此 Div 被设置为 class="item"。如果 class="item active"，就表示该<div>中的内容为默认显示。

```
<div class="carousel-inner">
    <div class="item active">
        <img src="images/tea01.jpg" alt="First slide">
    </div>
    <div class="item">
        <img src="images/tea02.jpg" alt="Second slide">
    </div>
    <div class="item">
        <img src="images/tea03.jpg" alt="Third slide">
    </div>
</div>
```

(3) 最后一部分为轮播导航，设置滑动内容的链接的样式。

```
<a class="carousel-control left" href="#myCarousel"
    data-slide="prev">&lsaquo;
</a>
<a class="carousel-control right" href="#myCarousel"
    data-slide="next">&rsaquo;
</a>
```

在浏览器中的预览效果如图 7.21 所示。

图 7.21　轮播图片

完整代码如下：

```
<!DOCTYPE html>
```

```html
<html>
<head>
    <title>Bootstrap 轮播实例</title>
    <meta charset="utf-8">
    <link rel="stylesheet" href="bootstrap/css/bootstrap.min.css">
    <script src="bootstrap/js/jquery.min.js"></script>
    <script src="bootstrap/js/bootstrap.min.js"></script>
</head>
<body>
<div class="container">
  <div id="myCarousel" class="carousel slide">
      <!-- 轮播(Carousel)指标 -->
      <ol class="carousel-indicators">
          <li data-target="#myCarousel" data-slide-to="0" class="active"></li>
          <li data-target="#myCarousel" data-slide-to="1"></li>
          <li data-target="#myCarousel" data-slide-to="2"></li>
      </ol>
      <!-- 轮播(Carousel)项目 -->
      <div class="carousel-inner">
          <div class="item active">
              <img src="images/tea01.jpg" alt="First slide">
          </div>
          <div class="item">
              <img src="images/tea02.jpg" alt="Second slide">
          </div>
          <div class="item">
              <img src="images/tea03.jpg" alt="Third slide">
          </div>
      </div>
      <!-- 轮播(Carousel)导航 -->
      <a class="carousel-control left" href="#myCarousel"
          data-slide="prev">&lsaquo;
      </a>
      <a class="carousel-control right" href="#myCarousel"
          data-slide="next">&rsaquo;
      </a>
  </div>
</div>
</body>
</html>
```

7.2.2　Bootstrap 表单

　　HTML 本身已经提供了比较全面的表单，但 Bootstrap 通过一些简单的 HTML 标签和扩展类可创建出更多不同样式的表单。

首先 Bootstrap 对表单布局进行了扩展，提供了多种类型的表单布局：基本表单(默认)、内联表单和水平表单。

1. 基本表单

基本的表单结构是 Bootstrap 自带的，个别表单控件自动接收一些全局样式。在创建基本表单时，需要向父<form>元素添加 role="form"。把标签和控件放在一个带有.form-group 类的<div>中可以获取最佳间距，并向所有的文本元素 <input>、<textarea> 和 <select> 添加 class ="form-control"。

例 7.11：Bootstrap 基本表单

参照图 7.22，创建相应表单。在<form>标签中添加 role="form"，为每个表单元素添加 class="form-control"，参考代码如下：

```
<div class="container">
 <form role="form">
  <div class="form-group">
   <label for="name">文件名称</label>
   <input type="text" class="form-control" id="name" placeholder="请输入文件的名称">
  </div>
  <div class="form-group">
  <label for="inputfile">文件输入</label>
  <input type="file" id="inputfile">
   <p class="help-block">提示：文件格式必须为 DOC 或 DOCX。</p>
  </div>
  <div class="checkbox">
    <div class="checkbox">
     <label>
       <input type="checkbox">
       首次提交 </label>
    </div>
    <label></label>
  </div>
  <button type="submit" class="btn btn-default">提交</button>
 </form>
</div>
```

图 7.22　Bootstrap 基本表单

2. 内联表单

内联表单是另一种样式，显示更为紧凑，在<form>标签中添加.form-inline 类，在此样式下元素形成内联、向左对齐、并排标签的样式。修改上一示例中的<form>标签，代码如下：

```
<form role="form" class="form-inline">
```

在浏览器中预览时，如果窗口宽度较大，会显示图 7.23 所示的效果。如果窗口宽度较小，表单元素会向下排列且左对齐，如图 7.24 所示。

图 7.23　内联表单

图 7.24　缩小窗口后的内联表单

3. 水平表单

水平表单在创建时首先要向父<form>元素添加 class="form-horizontal"，把标签和控件放在一个带有 class="form-group"的<div>中，并向标签添加 class="control-label"，显示效果如图 7.25 所示。

图 7.25　水平表单

4. 表单控件的状态

HTML 提供了表单的聚焦状态，也叫获得焦点，即用户单击表单控件或使用 Tab 键聚焦到表单元素上，此时可以看到文本框内有闪动的光标、单选按钮上有虚线的圆圈等特征。Bootstrap 针对表单控件扩展了新的状态样式。

- 获得焦点：在 Bootstrap 中，当文本框获得焦点时，文本框的轮廓会被移除，同时应用 box-shadow，在原来边框处显示阴影效果。
- 禁用文本框 Bootstrap 扩展了禁用状态，如果需要禁用一个控件，需要添加 disabled 属性，这不仅会禁用控件，还会改变文本框的样式以及鼠标指针悬停在元素上时的样式。

```
<input class="form-control" id="disabledInput" type="text" placeholder="该文本框禁止输入..." disabled>
```

- 禁用字段集：\<fieldset\>标签类似于容器，对\<fieldset\>添加 disabled 属性来禁用 \<fieldset\>内的所有控件。

```
<fieldset disabled>
    <div class="form-group">
      <label for="disabledSelect" class="col-sm-2 control-label">禁用选择菜单
      </label>
      <div class="col-sm-10">
        <select id="disabledSelect" class="form-control">
          <option>禁止选择</option>
        </select>
      </div>
    </div>
</fieldset>
```

- 验证状态：Bootstrap 包含了错误、警告和成功消息的验证样式。只需要对父元素简单地添加适当的类(.has-warning、.has-error 或.has-success)即可使用验证状态。

```
<div class="form-group has-success">
    <label class="col-sm-2 control-label" for="inputSuccess">输入成功</label>
    <div class="col-sm-10">
      <input type="text" class="form-control" id="inputSuccess">
    </div>
  </div>
  <div class="form-group has-warning">
    <label class="col-sm-2 control-label" for="inputWarning">输入警告</label>
    <div class="col-sm-10">
      <input type="text" class="form-control" id="inputWarning">
    </div>
  </div>
```

```
<div class="form-group has-error">
    <label class="col-sm-2 control-label" for="inputError">输入错误</label>
    <div class="col-sm-10">
        <input type="text" class="form-control" id="inputError">
    </div>
</div>
```

上面代码的预览效果如图 7.26 所示。

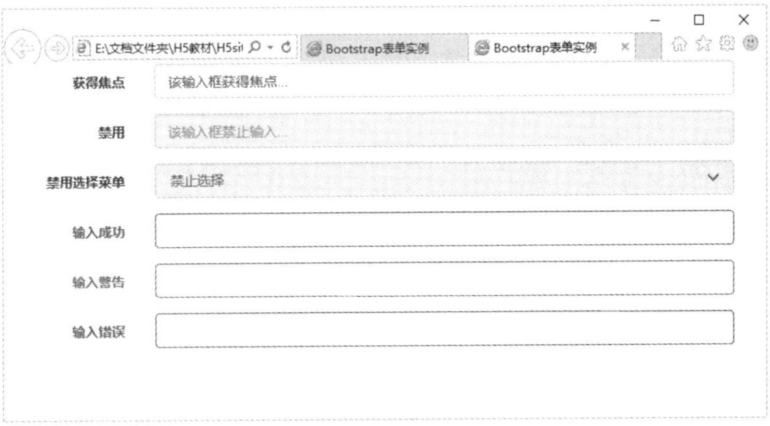

图 7.26　表单验证状态

5. 表单控件的大小

在 Bootstrap 中还可以对表单控件的大小进行设置，通过使用 .input-lg 和 .col-lg-* 类来设置表单的高度和宽度。设置文本框的高度时，需要设置 class="form-control input-lg"，下拉菜单也可以使用。

```
<div class="form-group">
        <input class="form-control input-lg" type="text" placeholder="设置为input-lg后变大的文本框">
</div>
```

如果要设置文本框的宽度，则需要设置<div>标签，代码如下：

```
<div class="row">
    <div class="col-lg-2">
    <input type="text" class="form-control" placeholder="设置为col-lg-2后，文本框占两列">
    </div>
    <div class="col-lg-3">
    <input type="text" class="form-control" placeholder="设置为col-lg-32后，文本框占三列">
    </div>
    <div class="col-lg-4">
    <input type="text" class="form-control" placeholder="设置为col-lg-42后，文本框占四列">
    </div>
```

以上代码的显示效果如图 7.27 所示。

图 7.27　表单大小效果

6. Bootstrap 按钮

Bootstrap 对按钮提供了更多样式选择，按钮的默认外观为圆角灰色按钮，任何带有.btn 类的元素都会继承默认外观。Bootstrap 提供了一些选项来定义按钮的样式，具体如表 7.4 所示，这些样式同样可以用在<a>、<button>或<input>元素上。

表 7.4　按钮类

类名	描述
.btn	为按钮添加基本样式
.btn-default	默认/标准按钮
.btn-primary	原始按钮样式(未被操作)
.btn-success	表示成功的动作
.btn-info	该样式可用于要弹出信息的按钮
.btn-warning	表示需要谨慎操作的按钮
.btn-danger	表示危险动作的按钮操作
.btn-link	让按钮看起来像链接(仍然保留按钮行为)
.btn-lg	制作大按钮
.btn-sm	制作小按钮
.btn-xs	制作超小按钮
.btn-block	块级按钮(拉伸至父元素 100%的宽度)
.active	按钮被单击
.disabled	禁用按钮

在 class 属性中设置按钮的相应样式，显示效果如图 7.27 所示。

```
<button type="button" class="btn btn-default">默认按钮</button>
<button type="button" class="btn btn-primary">原始按钮</button>
<button type="button" class="btn btn-success">成功按钮</button>
......
```

除可以设置按钮的样式外，还可以设置按钮的大小，.btn-lg 会将按钮变大些，.btn-sm 会让按钮变小些，.btn-xs 会让按钮再小一号，.btn-block 则会创建一个块级按钮——横跨父元素的全部宽度，如图 7.28 所示。

Bootstrap 提供了用于激活、禁用等按钮状态的类。激活状态的按钮呈现为被按压的外观(深色背景、深色边框、阴影)。禁用状态的按钮颜色会变淡 50%，并失去渐变。如图 7.28 所示，代码如下：

```
<button type="button" class="btn btn-default btn-lg active">激活按钮</button>
<button type="button" class="btn btn-default btn-lg" disabled="disabled">禁用按钮
</button>
```

以上对按钮样式的设置可以用在链接元素<a>上，这会形成按钮样式的链接，设置方式如下：

```
<a class="btn btn-default" href="#" role="button">链接</a>
```

图 7.28　Bootstrap 的各式按钮

完整代码如下：

```
<p>按钮样式</p>
    <button type="button" class="btn btn-default">默认按钮</button>
    <button type="button" class="btn btn-primary">原始按钮</button>
    <button type="button" class="btn btn-success">成功按钮</button>
```

```
<button type="button" class="btn btn-info">信息按钮</button>
<button type="button" class="btn btn-warning">警告按钮</button>
<button type="button" class="btn btn-danger">危险按钮</button>
<button type="button" class="btn btn-link">链接按钮</button>
<p> </p>
<p>按钮大小</p>
<p> <button type="button" class="btn btn-default btn-lg">大按钮</button> </p>
<p> <button type="button" class="btn btn-default">默认大小的按钮</button> </p>
<p> <button type="button" class="btn btn-primary btn-sm">小的原始按钮</button>
</p>
<p> <button type="button" class="btn btn-primary btn-xs">特别小的原始按钮</button> </p>
<p> <button type="button" class="btn btn-default btn-lg btn-block">块级按钮</button></p>
<p> </p>
<p>按钮状态</p>
<p> <button type="button" class="btn btn-default btn-lg ">默认按钮</button>
<button type="button" class="btn btn-default btn-lg active">激活按钮</button>
<button type="button" class="btn btn-default btn-lg" disabled="disabled">禁用按钮</button></p>
<p><a href="#" class="btn btn-default btn-lg" role="button">链接</a>
<a href="#" class="btn btn-default btn-lg disabled" role="button">禁用链接</a>
</p>
```

除了可以在元素<a>、<button>上使用按钮类以外，对<input>元素也可以使用，但浏览器的处理或渲染可能会导致比较大的差别，因此建议将按钮类只用在<button>元素上，从而使页面的兼容性更好。

7.3　Bootstrap 布局组件

Bootstrap 提供了功能强大的用于页面布局的组件，通过这些组件可以实现良好的交互功能，常用的组件有 Bootstrap 菜单、按钮组、导航元素和导航栏等。对这些基本组件进行组合后，可以设计制作出专业的导航条或具有其他交互功能的局部功能区。

7.3.1　Bootstrap 菜单

Bootstrap 的下拉菜单在更多情况下会与按钮或导航菜单等一起使用，组成交互更为方便的组件。下拉菜单本身依赖链接或按钮，因此在创建下拉菜单前，需要创建链接或按钮，在其属性中添加 data-toggle="dropdown"，并在其后添加无序列表作为下拉菜单的菜单项。

例 7.12：在 Dreamweaver 中创建下拉菜单

(1) 首先在 Bootstrap 的 class.container 中创建一对<div>标签，并将其 class 设置为dropdown，如图 7.29 所示。也可以在代码窗口中直接输入以下代码：

```
<div class="dropdown">
```

```
        </div>
```

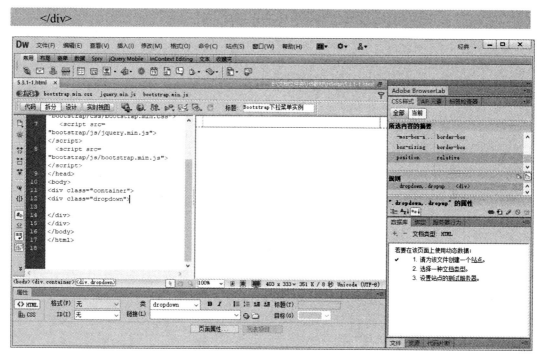

图 7.29　添加菜单<div>

(2) 在刚创建的<div>中添加一个按钮(或链接，注意这里的按钮使用<button>标签)，并在按钮中添加和设置属性，具体代码如下：

```
<buttontype="button"class="btndropdown-toggle"id="dropdownMenu1"data-toggle=
"dropdown">校园新闻</button>
```

(3) 在“校园新闻”后添加一对<span>标签，并将其 class 设置为 caret，在其后形成一个三角图标，如图 7.30 所示。

```
<span class="caret"></span>
```

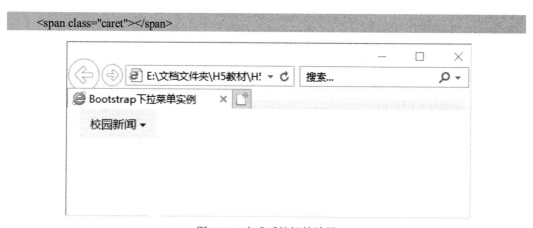

图 7.30　完成后按钮的效果

(4) 在刚才创建的链接的后面制作无序列表，并将每一项都设置为空链接，如图 7.31 所示。

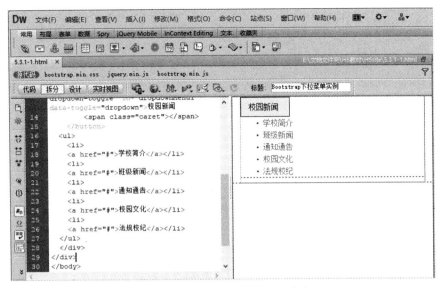

图 7.31　为下拉菜单列表添加内容

(5) 为<ul>标签添加和设置属性，具体代码如下：

```
<ul class="dropdown-menu" role="menu" aria-labelledby="dropdownMenu1">
```

预览效果如图 7.32 所示。

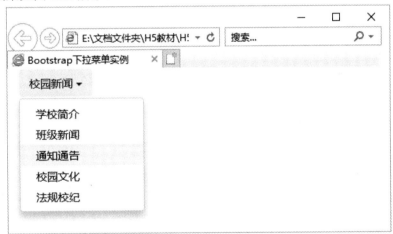

图 7.32　完成后的效果

(6) 通过添加分割线对菜单项进行分类，分割线本身也是空的<li>列表项，但需要添加 class="divider"，代码如下：

```
<li><a href="#">学校简介</a></li>
<li class="divider"></li>
<li><a href="#">班级新闻</a></li>
```

分割后的预览效果如图 7.33 所示。

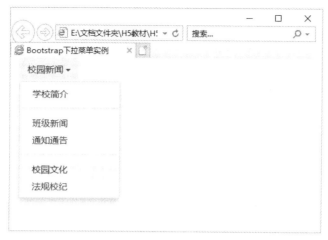

图7.33　添加分割线后的效果

还可以根据分类为下拉菜单中的菜单项添加标题，标题也是空的<li>列表项，在其中添加属性 class="dropdown-header"：

```
<li class="dropdown-header">菜单标题</li>
```

7.3.2　Bootstrap 按钮组

Bootstrap 针对按钮的扩展提供了更多交互设计元素，对多个按钮进行组合，形成按钮组，达成按照类型分配实现功能划分的目标。

1. 基本按钮组

按钮组最为常用的是基本按钮组，创建基本按钮组时，将需要分类包含的按钮包含在一对<div>中，将 class 设置为 btn-group。

例 7.13：通过按钮组模仿导航条

参照以下代码实现按钮组，预览效果如图 7.34 所示。

```
<div class="btn-toolbar" role="toolbar">
<div class="btn-group">
    <button type="button" class="btn btn-default">首页</button>
</div>
<div class="btn-group">
    <button type="button" class="btn btn-default">校园新闻</button>
    <button type="button" class="btn btn-default">校园风光</button>
</div>
<div class="btn-group">
    <button type="button" class="btn btn-default">班级相册</button>
    <button type="button" class="btn btn-default">个性展示</button>
    <button type="button" class="btn btn-default">留言</button>
    <button type="button" class="btn btn-default">用户登录</button>
</div>
```

图 7.34　用按钮组模仿导航条

2. 设置按钮组大小

按钮组可以设置大小，在 btn-group 后添加 btn-group-lg 为大按钮，添加 btn-group-sm 为小按钮，添加 btn-group-xs 为特小按钮，代码如下，预览效果如图 7.35 所示。

```
<div class="btn-group btn-group-lg">
    <button type="button" class="btn btn-default">首页</button>
</div>
<div class="btn-group btn-group-sm">
    <button type="button" class="btn btn-default">校园新闻</button>
    <button type="button" class="btn btn-default">校园风光</button>
</div>
<div class="btn-group btn-group-xs">
    <button type="button" class="btn btn-default">班级相册</button>
```

图 7.35　不同大小的按钮组

3. 垂直按钮组

默认状态下，按钮组水平排列，如果需要设置为垂直排列，可以在所有按钮组的外部添加一对<div>，并将 class 设置为 btn-group-vertical，代码如下，预览效果如图 7.36 所示。

```
<div class="btn-group-vertical">
<div class="btn-group">
    <button type="button" class="btn btn-default">首页</button>
……
</div>
```

图 7.36 垂直按钮组

4. 按钮组的嵌套

按钮组可以进行嵌套，即在一个 btn-group 内嵌套另一个 btn-group。多数情况下，可以利用这种嵌套方式将下拉菜单嵌套到某个按钮中，基本样式的具体示例(参见图 7.33)在前面的章节中已经介绍过。

在基本嵌套样式的基础上，可以创建带分割效果的按钮下拉菜单。在基本样式中，按钮与下拉菜单在一起，当单击按钮时，下拉菜单会弹出。在分割效果的按钮下拉菜单中，按钮与菜单分离，单击按钮时，下拉菜单并不弹出，单击右侧的三角按钮，菜单才会弹出，如图 7.37 所示。

分离按钮的创建，实际上是在按钮旁边再创建一个特殊的按钮，按钮上面不显示文字，只添加显示的三角按钮和提示信息，代码如下：

```
<button type="button" class="btn btn-default dropdown-toggle"
        data-toggle="dropdown">
        <span class="caret"></span>
        <span class="sr-only">切换下拉菜单</span>
    </button>
```

图 7.37 分割效果的按钮下拉菜单

默认状态下，下拉菜单是向下弹出，如果按钮在窗口的底部，此时可以设置为向上弹出菜单，如图 7.38 所示。首先将按钮和弹出菜单放置在一个位于底部的<div>中，然后将按钮所在<div>中的 class 设置为"btn-group dropup"，其中 dropup 就是设置菜单向上弹出的选项。

```
<div class="row" style="margin-left:50px; margin-top:200px">
    <div class="btn-group dropup">
    ……
    </div>
</div>
```

图 7.38　向上弹出菜单

7.3.3　Bootstrap 导航

导航条是网页中非常常见和重要的交互元素，Bootstrap 提供了多种不同样式的导航条。这些导航条使用相同的标记和基类.nav。Bootstrap 还提供了一个用于共享标记和状态的帮助器类。改变修饰的类，可以在不同的样式间进行切换。

Bootstrap 导航的设置首先需要依赖无序列表，因此在创建导航的时候，要先将导航条中的导航项目做好，然后在<ul>标签中添加 class="nav nav-tabs"。

1. 导航菜单

例 7.14：创建标签式导航菜单

(1) 创建无序列表。在 Dreamweaver 中创建无序列表，列表内容参照图 7.39，并将每一项设置为超链接(空链接即可)。

(2) 将光标放置在代码窗口中的<ul>标签上，将<ul>标签设置为<ul class="nav nav-tabs">，在"首页"的<li>标签处添加 class="active"，使其成为默认处于激活状态的导航项，如图 7.40 所示。

图 7.39　制作无序列表

图 7.40　制作标签式导航菜单

实现以上标签式导航菜单的完整代码如下：

```html
<!DOCTYPE html>
<html>
<head>
  <title>Bootstrap 导航实例</title>
  <meta charset="utf-8">
  <link rel="stylesheet" href="bootstrap/css/bootstrap.min.css">
  <script src="bootstrap/js/jquery.min.js"></script>
  <script src="bootstrap/js/bootstrap.min.js"></script>
</head>
<body>
<div class="container">
  <ul class="nav nav-tabs">
    <li class="active"><a href="#">首页</a></li>
    <li><a href="#">校园风光</a></li>
    <li><a href="#">班级相册</a></li>
    <li><a href="#">个性展示</a></li>
```

```
    <li><a href="#">留言</a></li>
   </ul>
  </div>
 </body>
</html>
```

上面示例演示的是标签式导航，样式简洁，Bootstrap 还提供了其他几种不同样式的导航菜单。只需要在 nav 后面修改相应的样式名称即可，具体值可参照表 7.5。

表 7.5　导航菜单的类型

导航菜单的名称	Class 的值
基本标签式导航菜单	nav nav-tabs
基本胶囊式导航菜单	nav nav-pills
垂直胶囊式导航菜单	nav nav-pills nav-stacked
两端对齐的标签式导航菜单	nav nav-pills nav-justified nav nav-tabs nav-justified

以上导航菜单的样式如图 7.41 所示。

图 7.41　各种导航菜单的效果

让标签式或胶囊式导航菜单与父元素等宽。在更小的屏幕(小于 768px)上，导航链接会堆叠，如图 7.42 所示。

图 7.42　窗口缩小后的效果

　　在使用菜单时，当把鼠标移到菜单项上时，该菜单项处在激活状态，也可以通过对菜单项设置 class 属性将之作为默认项目。在需要设置为默认项目的列表项标签<li>中设置 class="active"。同样，如果需要禁用某个菜单项，可以将其 class 属性设置为 disabled，这样就会创建一个灰色的链接，同时禁用该链接的:hover 状态。参考代码如下：

```
//激活项目
<li class="active"><a href="#">首页</a></li>
//禁用链接
<li class=" disabled "><a href="#">首页</a></li>
```

2. 导航栏

　　Bootstrap 导航栏是非常具有特色的一项功能，能够在网页的最上部或最下部实现响应式导航，以适应不同大小的显示窗口，从而使得页面能够适应不同的显示设备。导航栏在移动设备的视图中是折叠的，随着可用视口宽度的增加，导航栏也会水平展开。在Bootstrap 导航栏的核心，导航栏包括站点名称和基本的导航定义样式。默认的导航栏以灰色的背景区域配合深灰色字体进行设计，整个导航栏的内容都放在<nav>标签中，这个标签是 HTML5 新增的标签。

　　例 7.15：默认导航栏的制作

　　(1) 在 class 属性为 container 的<div>中添加<nav>标签，并在其中添加 Bootstrap 的navbar、navbar-default 类，如图 7.43 所示，代码如下：

```
<nav class="navbar navbar-default" role="navigation">
</nav>
```

其中 role="navigation"，有助于增强可访问性。

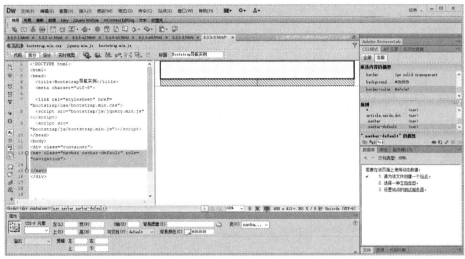

图 7.43　添加导航栏标记

(2) 添加一个<div>作为网站的标题，将 class 属性设置为 navbar-header。在该<div>内部包含 class 属性为 navbar-brand 的<a>元素，作为标题的文字将会比导航栏中其他的文字大一些。

为了向导航栏添加链接，只需要简单地添加带有 .nav、.navbar-nav 类的无序列表即可。在其上面的元素中添加 role="navigation"，有助于增强可访问性。

(3) 在刚才添加的<div>后添加导航项目，并将它们转换为无序列表，将每项做成超链接(空链接即可)，如图 7.44 所示。

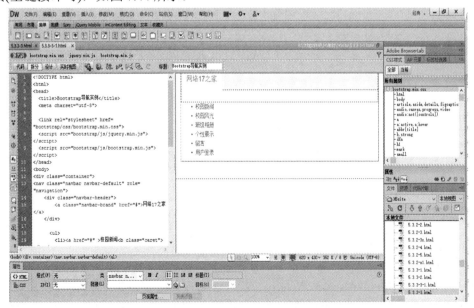

图 7.44　在导航栏中添加相应的项目

（4）在<ul>标签中添加 class="nav navbar-nav"，在"校园新闻"的<li>中添加活动项<li class="active">，在 Dreamweaver 中的效果如图 7.45 所示，代码如下，预览效果如图 7.46 所示。

```
<ul class="nav navbar-nav">
        <li class="active"><a href="#">校园新闻</a></li>
        <li><a href="#"> 校园风光</a></li>
        <li><a href="#"> 班级相册</a></li>
        <li><a href="#">个性展示</a></li>
        <li><a href="#">留言</a></li>
        <li><a href="#">用户登录 </a></li>
    </ul>
```

图 7.45　在 Dreamweaver 中的效果

图 7.46　在浏览器中的预览效果

例 7.16：将导航栏改为响应式导航栏

Bootstrap 导航栏提供了响应功能，能根据页面大小产生变化。当页面处在移动设备上时，导航栏中的项目会压缩，并在右侧显示一个按钮，单击可以弹出导航栏中的项目，如图 7.47 所示。

（1）在网站标题的<a>标签前添加用于压缩后显示的按钮，在按钮中添加如下属性：class 属性，其值为 navbar-toggle；data-toggle 属性，其值为 collapse，用于告诉 JavaScript

需要对按钮做什么；data-target 属性，其值为#example-navbar-collapse，指示要切换到哪一个元素。

(2) 在按钮中添加四对<span>标签，其中带有 class="icon-bar"的三对<span>标签用于创建所谓的汉堡按钮。

具体代码如下：

```
<button type="button" class="navbar-toggle" data-toggle="collapse"
        data-target="#example-navbar-collapse">
            <span class="sr-only">切换导航</span>
            <span class="icon-bar"></span>
            <span class="icon-bar"></span>
            <span class="icon-bar"></span>
        </button>
```

图 7.47　响应式导航栏

导航栏中的每一项都可以添加下拉菜单，要添加下拉菜单的导航项中添加下拉菜单的属性，然后添加下拉菜单中的项目即可。下面通过示例演示如何为导航栏添加下拉菜单。

例 7.17：在导航栏中添加下拉菜单

(1) 在"校园新闻"的<a>标签添加属性 class="dropdown-toggle"和 data-toggle= "dropdown"，用于产生下拉菜单。

(2) 在<a>标签内部，在"校园新闻"的后面添加<b class="caret"></b>，形成三角图标。

(3) 在</a>标签后添加下拉菜单项，并将其设置为无序列表，将每一项设置为超链接(空链接即可)。

具体代码如下，注意标签的嵌套关系：

```
<liclass="activedropdown"><ahref="#"class="dropdown-toggle"data-toggle="dropdown">
  校园新闻<b class="caret"></b></a>
      <ul class="dropdown-menu">
      <li><a href="#">学校简介</a></li>
      <li class="divider"></li>
      <li><a href="#">班级新闻</a></li>
```

```
        <li><a href="#">通知通告</a></li>
        <li class="divider"></li>
        <li><a href="#">校园文化</a></li>
        <li><a href="#">法规校纪</a></li>
    </ul>
    </li>
```

图 7.48 所示为浏览窗口较大时的预览效果。图 7.49 所示为浏览窗口较小时的预览效果。

图 7.48　带下拉菜单的导航栏

图 7.49　带下拉菜单的导航栏在小窗口中的预览效果

在导航栏中不仅可以添加下拉菜单，还可以添加表单、文字链接等元素，使导航栏的风格更加多样化。

例 7.18：添加搜索表单和带图标的文字链接

(1) 在导航栏的</ul>标签后添加一对<div>标签，在其中添加<form>表单，代码如下：

```
        <div>
        <form class="navbar-form navbar-left" role="search">
            <div class="form-group">
                <input type="text" class="form-control" placeholder="Search">
            </div>
            <button type="submit" class="btn btn-default">搜索</button>
        </form>
        </div>
```

这里的表单不使用 Bootstrap 表单默认的类，而是使用 navbar-form 类。这确保表单能够适当地垂直对齐以及在较窄的视口中折叠。

(2) 删除原导航栏中的"用户登录"并在表单所在</div>标签的后面添加一对新的<div>标签，添加如下代码：

```
<div>
    <ul class="nav navbar-nav navbar-right">
    <li><a href="#"><span class="glyphicon glyphicon-user"></span> 注册</a></li>
    <li><a href="#"><span class="glyphicon glyphicon-log-in"></span> 登录</a></li>
    </ul>
</div>
```

导航中的文本字符串使用 class="navbar-text"。在"注册"和"登录"两者之前添加标签，通过 glyphicon glyphicon-* 为文字添加图标。注意在标签与文字之间加一个空格，否则图标将与文字发生部分重叠。在浏览器中的预览效果如图 7.50 和图 7.51所示。

图 7.50　添加表单、按钮和文本后的导航栏

图 7.51　在小窗口中的显示效果

Bootstrap 导航栏在默认状态下会随着页面向上滚动，也可以通过设置，使其固定在窗口的顶部或底部，当页面内容向上或向下滚动时，导航栏不随之滚动。

为了让导航栏固定在页面的顶部，需要在navbar的class 属性中添加navbar-fixed-top。如果需要将导航栏固定在浏览器窗口的底部，则需要添加navbar-fixed-bottom。代码如下：

```
<nav class="navbar navbar-default navbar-fixed-top" role="navigation">
<nav class="navbar navbar-default navbar-fixed-bottom" role="navigation">
```

为了防止导航栏与页面中其他内容的顶部发生交错，需要向<body>标签添加至少 50 像素的内边距(padding)，内边距的值可以根据需要进行设置。

如果想创建能随着页面一起滚动的导航栏，需要添加 navbar-static-top。

3. 面包屑导航

面包屑导航(Breadcrumbs)是一种基于网站层次信息的显示方式，用于向用户提示当前访问的页面在导航层次结构中的位置信息。Bootstrap 中的面包屑导航是一个简单的带有 breadcrumb 类的列表。

例 7.19：在页面上添加面包屑导航

(1) 在</nav>标签后添加一对<div>标签，并在其中添加面包屑导航的列表内容"校园新闻"和"学校简介"，将其制作成无序列表，并设置为超链接，代码如下：

```
<div>
  <ul>
    <li><a href="#">校园新闻</a></li>
    <li><a href="#">学校简介</a></li>
  </ul>
</div>
```

(2) 为<ul>标签添加 class="breadcrumb"，为"学校简介"添加活动项，代码如下：

```
<ul class="breadcrumb">
……
    <li class="active"><a href="#">学校简介</a></li>
```

预览效果如图 7.52 所示。

图 7.52　面包屑导航

7.4　BootStrap 综合案例

企业网站用于展示企业形象，通过首页集中展示企业元素，通过其他页面详细介绍企业信息。本节将通过一个基于 Bootstrap 的企业网站首页的设计与制作过程，综合讲解

Bootstrap 的主要应用，该企业网站首页制作完成的效果如图 7.53 所示。

图 7.53　最终效果图

1. 站点的规划

由于是基于 Bootstrap，因此在制作网页时需要首先添加 Bootstrap 的相关文件，具体目录结构如图 7.54 所示。js、css 和 fonts 为 Bootstrap 的默认文件夹，创建的 images 文件夹用于存放页面中所用的图片。

图 7.54　站点文件夹结构

完整的企业网站，需要包含首页、企业相关产品和服务页面以及资讯页面。

首页：index.html

服务页面：service.html

资讯页面：info.html

关于页面：about.html

登录页面：login.html

2. 页面设计

网站的页面设计以 Bootstrap 的基本样式为主，不要引入过多的自定义样式，以充分体现 Bootstrap 原有的设计风格。当然用户也可以根据需要，在 Bootstrap 原有的风格上叠加自己的设计或者直接覆盖原生设计。本节主要通过依靠 Bootstrap 提供的各种元素来设计和实现网站首页。

网站首页分为几个区域，整体采用目前较为流行的多行水平布局方式进行结构的设计，如图 7.55 所示。

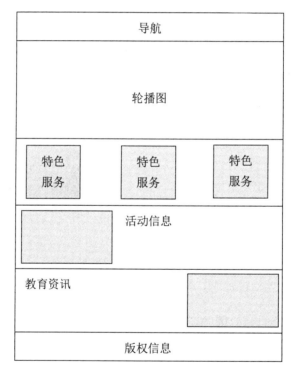

图 7.55　网站首页版式结构图

3. 首页的制作

(1) 整体框架

首先在页面中导入所需的 Bootstrap 相关文件，包含 JavaScript 文件和 CSS 文件，添加到\<head>标签中，代码如下：

```
<head>
```

```
<title>蓝方教育</title>
<meta charset="utf-8">
<link rel="stylesheet" href="css/bootstrap.min.css">
<link rel="stylesheet" href="css/style.css">
<script src="js/jquery.min.js"></script>
<script src="js/bootstrap.min.js"></script>
</head>
```

上面用到的 style.css 文件为自定义 CSS 样式文件，用于存储自定义样式，需要自行创建。此处可以先创建一个空文件，后面再逐步添加其中的内容。

```
<div class="container">
    <!--导航-->
<nav class="navbar navbar-default">
……
</nav>
    <!--轮播图-->
    <div id="carousel-example-generic" class="carousel slide" data-ride="carousel">
……
    </div>
  <!--特色服务-->
    <div class="service container">
……
    </div>
  <!--教育资讯-->
    <div class="screenshoot container">
……
  </div>
<!--版权-->
<div class="container">
  <footer class="panel-footer">
  </footer>
</div>
</div>
</div>
```

(2) 导航栏

导航栏的制作可以参照前面章节中的示例来完成，代码如下：

```
<nav class="navbar navbar-default">
    <div class="container-fluid">
      <div class="navbar-header">
      <button type="button" class="navbar-toggle collapsed" data-toggle="collapse"
          data-target="#navbar" aria-expanded="false" aria-controls="navbar">
        <span class="sr-only">Toggle navigation</span>
        <span class="icon-bar"></span>
```

```
        <span class="icon-bar"></span>
        <span class="icon-bar"></span>
    </button>
    <a class="navbar-brand" href="#"><span class="glyphicon glyphicon-education"
    aria-hidden="true"></span>蓝方教育</a>
</div>
    <ul class="nav navbar-nav">
        <li class="active"><a href="">首页</a></li>
        <li><a href="">服务</a></li>
        <li><a href="">资讯</a></li>
        <li><a href="">关于</a></li>
        <li><a href="">登录</a></li>
    </ul>
</div>
```

(3) 轮播图

轮播图用于展示企业特色，可以添加多幅图片，此处只用了三幅。如果需要添加更多图片，在相应位置添加即可，代码如下：

```
<div id="carousel-generic" class="carousel slide" data-ride="carousel">
    <!-- Indicators -->
    <ol class="carousel-indicators">
        <li data-target="#carousel-example-generic" data-slide-to="0" class="active">
        </li>
        <li data-target="#carousel-example-generic" data-slide-to="1"></li>
        <li data-target="#carousel-example-generic" data-slide-to="2"></li>
    </ol>
    <!-- Wrapper for slides -->
    <div class="carousel-inner" role="listbox">
        <div class="item active">
                <img src="images/g06.jpg" alt="First slide">
                <div class="carousel-caption">
                    <h1>欢乐学习</h1>
                    <h4>在这里让您的孩子真正体会到乐趣</h4>
                </div>
            </div>
        <div class="item">
            <img src="images/g03.jpg" alt="First slide">
            <div class="carousel-caption">
                    <h1>团队合作</h1>
                    <h4>合作学习，提高孩子的团队协作能力</h4>
                </div>
            </div>
        <div class="item">
                <img src="images/g07.jpg" alt="First slide"><div class="carousel-caption">
```

```
            <h1>亲子阅读</h1>
            <h4>与孩子一起阅读，陪孩子一起长大</h4>
        </div>
        </div>
    <!-- Controls -->
<a class="left carousel-control" href="#carousel-example-generic" role="button"
    data-slide="prev">
        <span class="glyphicon glyphicon-chevron-left"></span>
        <span class="sr-only">Previous</span>
</a>
<a class="right carousel-control" href="#carousel-example-generic" role="button"
    data-slide="next">
        <span class="glyphicon glyphicon-chevron-right"></span>
        <span class="sr-only">Next</span>
</a>
</div>
```

完成以上代码后，轮播图片显示为原图的大小，为了统一图片大小，在 style.css 文件中添加自定义样式。

```
.carousel-inner > .item > img {
    min-width: 100%;
    height: 550px;
}
.item { float:left, width: 300px; }
```

(4) 特色服务

"特色服务"栏通过三个图片链接提供快速访问相应服务的功能。"特色服务"栏通过 Bootstrap 的网格系统将其平分为三份，每一个图片链接放在一个网格内。为了增加页面元素的变化效果，将图片的样式设置为 class="img-circle"，使其显示为圆形。

```
<div class="service container">
    <div class="row">
        <div class="col-md-4">
            <h2>交互课堂</h2>
            <a href="#"><img src="images/e3.jpg" class="img-circle"></a>
            <h4>面对面与教师交流学习</h4>
        </div>
        <div    class="col-md-4">
            <h2>在线课堂</h2>
            <a href="#"><img src="images/e4.jpg" class="img-circle"></a>
            <h4>随处在线使用教学资源</h4>
        </div>
        <div    class="col-md-4">
            <h2>欢乐课堂</h2>
```

```
        <a href="#"><img src="images/e2.jpg" class="img-circle"></a>
            <h4>针对低龄儿童的欢乐课堂</h4>
        </div>
        </div>
    </div>
```

完成以上代码后，在自定义样式文件 style.css 中添加如下样式设置，设置居中对齐、上边距以及图片的高度：

```css
.service {
    text-align: center;
    margin-top: 20px;
}
.service img {
    height: 200px;
}
```

(5) 教育资讯

```
        <!--教育资讯-->
        <div class="info container">


            <div class="row item">
            <div class="col-md-5">
                <img src="images/p10s.jpg" width="428" height="225"
                    class="img-rounded">
            </div>
                <div class="col-md-7">
    <h3> 活动信息</h3>
    <ul>
    <li><a href="#">早春植树行！飞花令，登山徒步，DIY 风筝，给你一个有意义的植树节</a></li>
    <li> <a href="#">清明节--2018 沙漠亲子穿越挑战赛！深入浩瀚壮美沙漠，超越自我坚毅前行！
</a></li>
    <li><a href="#">七个蝌蚪亲子音乐会 音乐派对的神秘来客</a></li>
    </ul>
                </div>
                </div>
            <div class="row item">
            <div class="col-md-7">
    <h3> 教育资讯</h3>
    <ul>
    <li><a href="#">怎样保护眼睛早期预防近视</a></li>
    <li><a href="#">从孩子出生，就做孩子的朋友</a></li>
    <li><a href="#">智力开发越早越好么？</a></li>
    <li><a href="#">孩子对老师有抵触情绪怎么办？</a></li>
    <li><a href="#">家长如何让孩子喜欢上学习？</a></li>
```

```
    <li><a href="#">如何帮孩子学好英语</a></li>
</ul>
        </div>
        <div class="col-md-5">
            <img src="images/p8s.jpg" width="428" height="225"
                class="img-rounded"></div>

        </div>
        </div>
```

(6) 版权信息

```
<div class="container">
<footer class="panel-footer">
    蓝方教育版权所有©2017
    <a href="" >蓝方科技</a>
</footer>
</div>
```

7.5　本章小结

本章主要介绍了 Bootstrap 的基本情况，重点讲解了 Bootstrap 的网格系统、文字排版、列表和表格等基本布局对象的使用方法，结合示例进一步讲解了如何使用 Bootstrap 设置响应式图片，以及轮播图的应用。同时还介绍了 Bootstrap 在布局时常用的菜单、按钮组和导航等组件的特点及使用方法。最后通过综合案例，将以上主要内容组合，实现一个企业网站的首页。

7.6　课后训练

1. 仿照课内示例，制作完成自己的个人简历页面，要求除文字外，添加 3 或 4 幅图片以丰富页面效果。

2. 利用第 3 章的素材，采用 Bootstrap 完成例 3.1、例 3.2 和例 3.3。

参 考 文 献

[1] Terry Felke-Morris 著；潘玉琪 译. 学习 HTML5(第 7 版)[M]. 北京：电子工业出版社，2017

[2] 王黎，张希文，段炬霞 等. Web 客户端开发——HTML5+CSS+JavaScript 实例教程[M]. 北京：清华大学出版社，2017

[3] 陈经优，肖自乾，傅翠玉 等. Web 前端开发任务教程[M]. 北京：人民邮电出版社，2017

[4] 唐骏开. HTML5 移动 Web 开发指南[M]. 北京：电子工业出版社，2014

[5] Brian P. Hogan 著；李杰，刘晓娜，朱嵬 译. HTML5 和 CSS3 实例教程[M]. 北京：人民邮电出版社，2012

[6] www.w3school.com.cn

[7] baike.baidu.com

[8] www.bootcss.com

[9] www.csdn.net

[10] https://getbootstrap.com

[11] https://threejs.org